# PRATIQUE COMPLÈTE

ET RAISONNÉE

DU

# SYSTÈME MÉTRIQUE

ORLÉANS, IMP. DE G. JACOB, CLOITRE SAINT-ÉTIENNE, 4

# PRATIQUE COMPLÈTE

## ET RAISONNÉE

DU

# SYSTÈME MÉTRIQUE

CONTENANT

Une application très-variée des quatre opérations de l'arithmétique à toutes les unités du système légal des poids et mesures, et principalement aux questions les plus usuelles relatives à la mesure des lignes, des surfaces et des solides.

OUVRAGE ÉGALEMENT UTILE AUX ÉCOLES DE TOUS LES DEGRÉS AUX OUVRIERS ET AUX PROPRIÉTAIRES

**Par R. DEMOND**

**Directeur de l'École municipale professionnelle de la ville d'Orléans**
**Chevalier de la Légion-d'Honneur,**
**Officier de l'Instruction publique.**



**QUATRIÈME ÉDITION**

REVUE ET CONSIDÉRABLEMENT AUGMENTÉE.

**Cet ouvrage a été adopté pour les bibliothèques classiques et honoré d'une souscription ministérielle.**

**Mention honorable à l'Exposition universelle de 1867.**

PARIS
LAROUSSE ET BOYER, LIBRAIRES-ÉDITEURS
49, RUE SAINT-ANDRÉ-DES-ARTS, 49

1872

# AUX INSTITUTEURS.

Mes chers Collègues,

En composant ce *Traité de système métrique* que je vous dédie, je n'ai point eu l'intention de faire un nouveau livre. J'ai voulu, tout simplement, vous offrir le fruit de vingt-sept années d'expérience et d'une pratique constante dans les cours publics et au milieu des enfants de mon école. Les heureux résultats que j'en ai retirés, même pour les intelligences les plus ordinaires, les encouragements que m'ont donnés des hommes spéciaux et d'un mérite reconnu, m'ont déterminé à publier cet ouvrage uniquement dans le but de populariser un enseignement si précieux. Je me suis proposé de coordonner les diverses parties du système métrique de manière à former, sous le rapport de la théorie et de la pratique, un ensemble aussi complet que possible. J'ai tâché, par-dessus tout, que l'application des quatre opérations de l'arithmétique aux questions les plus usuelles relatives aux lignes, aux surfaces et aux solides, ainsi qu'aux autres unités du système métrique, fût présentée d'une manière si simple, qu'elle pût être accessible à tous les enfants qui savent multiplier et diviser. Si le plan que j'ai suivi peut vous être agréable, si vous voulez bien l'expérimenter, j'ose espérer que vous en retirerez comme moi les plus heureux fruits, et je me trouverai par là trop payé du peu de peine que ce travail m'aura coûtée.

Agréez les sentiments de bonne confraternité avec lesquels je suis, Messieurs et chers collègues,

Votre bien dévoué serviteur,

Demond.

Cette nouvelle édition renferme des additions et des modifications importantes. Tout ce qui est relatif aux anciennes mesures y figure seulement comme appendice, et forme, avec quelques applications un peu plus difficiles, une sorte d'enseignement supérieur dont le texte est différent, et qui est exclusivement réservé aux enfants les plus avancés, connaissant parfaitement le système légal tout entier. Chaque chapitre est suivi en outre d'un questionnaire qui résume toutes les notions acquises, fixe mieux les idées, et permet ainsi d'apprendre plus facilement. On pourrait exercer très-utilement les enfants au moyen de ce questionnaire, en exigeant d'eux, comme devoir, une rédaction qui contiendrait les réponses à une série de questions.

Cette rédaction serait la leçon même qu'ils auraient à apprendre, et le maître, en faisant réciter chaque élève sur son cahier, trouverait en même temps l'occasion de corriger son travail de rédaction.

---

**Appréciations diverses de quelques fonctionnaires de l'instruction secondaire et de l'enseignement primaire.**

Monsieur, je vous autorise à faire de l'article suivant, moins élogieux encore qu'il ne devrait l'être, vu la valeur de votre ouvrage, tout ce que vous jugerez convenable d'en faire :

« Les petits livres et les traités sur le système métrique ne manquent pas. Il en est de bons; mais aucun ne nous a paru atteindre aussi complètement le but marqué par son titre que l'excellent petit ouvrage que vient de publier M. Demond, directeur de l'Ecole municipale supérieure d'Orléans. *Pratique complète et raisonnée du système métrique*, tel est le titre de cette petite brochure, qui pourrait être aussi bien adoptée dans les lycées que dans les écoles primaires. Les principes qui ont servi de base à la métrique décimale sont établis avec beaucoup de clarté et de méthode. Les relations des diverses unités de mesures, leurs rapports avec les mesures anciennes dont l'usage devient de plus en plus restreint, sans être cependant entièrement disparu, tous ces points importants sont exposés avec cette lucidité, cette intelligence parfaite des procédés d'enseignement qu'ont pu apprécier les auditeurs de M. Demond, à son cours public de grammaire et de système métrique. De nombreux exemples, choisis parmi les problèmes les plus pratiques qui se présentent à chaque instant à l'industriel, à l'ouvrier, au paysan, à tout le monde enfin, questions d'arpentage, de cubage de solides, etc., achèvent de donner à ce petit traité tous les caractères d'un excellent ouvrage d'enseignement, et nous le recommandons vivement, d'abord à tous les instituteurs, qui ne sauront mieux faire que d'en adopter la méthode, et enfin à tous les ouvriers et les propriétaires, alors même qu'ils posséderaient leur système métrique comme ceux qui l'ont inventé. »

Paris, 1er novembre 1854.

*Signé :* B. BOUTET DE MONVEL,
Professeur de sciences physiques au lycée Charlemagne.

---

Versailles, 1er décembre 1854.

Monsieur, vous me demandez de vous exprimer mon opinion sur votre petit traité de système métrique. Je suis à même de vous la donner, car j'ai lu l'ouvrage avec attention ; mais surtout je vous ai vu dans votre classe mettre en pratique votre excellente méthode. Je vous ai dit souvent que j'étais étonné de la rapidité avec laquelle vos élèves faisaient tous les calculs sur les mesures métriques, et de l'assurance qu'ils y mettaient. Les élèves même qui se trouvaient dans les derniers rangs de la classe savaient au moins faire les calculs sans se tromper, si leur intelligence ne leur permettait pas de les raisonner.

Quant au livre, si mon opinion peut avoir quelque valeur pour vous, je vous dirai qu'il m'a plu sous tous les rapports. L'exposé en est parfaitement clair et méthodique ; les raisonnements sont toujours de la plus grande simplicité ; enfin, surtout, vous avez su rendre l'étude du système métrique attrayante par les nombreuses applications que vous montrez aux élèves ; vous insistez avec raison, et en donnant les arguments les plus frappants, sur la nécessité qu'il y a pour tout homme, à quelque condition qu'il appartienne, de connaître parfaitement notre beau système de poids et mesures, qui est comme une partie essentielle de notre langue.

Mais encore une fois, Monsieur, quelle que soit la valeur que vous vouliez bien attacher à mon jugement, plus que moi, les faits et les beaux résultats que vous obtenez témoignent de la bonté de votre méthode.

Agréez, Monsieur, les sentiments d'estime de votre dévoué serviteur.

*Signé :* Ch. Drion,
Professeur de sciences physiques au lycée impérial de Versailles.

---

J'ai lu avec le plus grand intérêt l'ouvrage que M. Demond vient de faire paraître sous le titre de : *Pratique complète et raisonnée du système métrique*. Les succès brillants, obtenus par l'auteur dans l'enseignement, seront pour les maîtres chargés d'enseigner le système métrique une grande recommandation en faveur de l'ouvrage. J'essaierai cependant de faire ressortir en quelque mots ce qui le distingue des ouvrages du même genre, et doit le rendre extrêmement utile aux personnes auxquelles il est destiné. L'auteur ne s'est pas contenté de faire connaître les diverses unités dont l'ensemble compose le système décimal des poids et mesures et des monnaies, et d'indiquer les rapports de chacune d'elles avec l'unité principale, le mètre. Il fait comprendre, par un exposé simple et à la portée de tous, les motifs qui ont guidé les expérimentateurs dans le choix de ces unités, et même les méthodes qu'ils ont suivies pour les déterminer. Partout la pratique est mise à côté du raisonnement. Chaque sorte d'unité est représentée avec ses multiples et sous-multiples par des figures intercalées dans le texte, et ces figures donnent toujours la forme et presque toujours les dimensions exactes des objets, tels qu'ils sont employés. L'usage des instruments de mesure est développé dans les plus grands détails, et un très-grand nombre d'applications et de problèmes en facilitent l'intelligence. Ainsi, par la mesure des volumes, l'auteur ne se contente pas de faire connaître le mètre cube, le stère, le litre ; il expose, en s'appuyant sur des raisonnements toujours très-simples, les méthodes employées pour mesurer les volumes des solides de diverses formes, des prismes, des cylindres, des pyramides, des cônes, de la sphère, et complète ces méthodes par des problèmes qui ont pour but les volumes d'un tas de pierres, d'une cave, d'un puits, d'un tonneau, des bois de charpente, etc. L'ouvrage de M. Demond, par sa méthode simple, variée et intéressante, me paraît destiné à rendre de grands services non seulement aux instituteurs et aux enfants, mais encore aux ouvriers et à toutes les personnes appelées à s'occuper de mesures.

Orléans, 14 décembre 1854.

*Signé* : LECHAT,
Professeur de physique au lycée.

---

Loches, 19 décembre 1854.

Monsieur, en composant le *Traité du système métrique* que vous avez si généreusement dédié aux instituteurs vos collègues, vous avez rendu un service immense à chacun d'eux, en leur donnant à suivre la marche la plus méthodique, la plus simple, la plus claire et la plus complète qui ait paru jusqu'à ce jour pour l'enseignement si précieux des nouvelles mesures, et pourtant quelquefois si négligé et si mal compris dans quelques-unes de nos écoles communales.

La théorie et la pratique en font un ensemble complet qui prouve votre longue expérience, en même temps qu'il fait honneur à votre savoir; je vous en félicite bien sincèrement, mon cher collègue, pour le bien que ce petit ouvrage produira dans nos écoles, et je vous remercie en particulier pour les heureux fruits qu'il a déjà produits dans la nombreuse classe que je dirige, car les explications pour chacune des unités nouvelles, si clairement comparées aux anciennes, sont telles qu'il m'a suffi de les mettre sous les yeux de mes moniteurs pour qu'ils fussent capables, dès le lendemain, de les expliquer très-avantageusement chacun à son cercle.

Merci donc, mon cher collègue, merci cent fois de votre excellente méthode; elle épargnera bien des peines aux élèves et aux maîtres qui sont chargés d'apprendre ou d'enseigner le système métrique, ainsi que la mesure des surfaces et des solides où chacune de vos démonstrations, quoique appartenant à une science abstraite, tombe aussi clairement sous les sens que le premier axiome de géométrie.

Permettez-moi, mon cher collègue, après ce faible tribut d'éloges et de remercîments, de vous demander deux douzaines d'exemplaires de ce petit traité, que je m'empresserai de mettre entre les mains de mes principaux élèves.

Croyez aux sentiments de sincère estime avec lesquels je suis,

Monsieur et cher collègue,

Votre bien dévoué serviteur,

*Signé* : Fourchault,
Instituteur communal.

---

# RECOMMANDATION OFFICIELLE

Extraite du *Manuel de l'Instituteur primaire,* ou Résumé des Conférences faites aux Instituteurs du Loiret

(Septembre 1855)

SOUS LA PRÉSIDENCE DE M. VILLEMEREUX, INSPECTEUR DE L'ACADÉMIE

PAR

MM. A. PINET, BROUARD et METTAS
Inspecteurs de l'enseignement primaire.

---

**SECTION II. — De l'enseignement de chaque matière du programme.**

**Livres recommandés par M. l'Inspecteur de l'Académie et par MM. les Inspecteurs de l'enseignement primaire.**

« *Pour le système métrique, l'excellent ouvrage de* M. DEMOND *répondra à tous les besoins des maîtres et des élèves.* »

# PRATIQUE COMPLÈTE

DU

# SYSTÈME MÉTRIQUE

## CHAPITRE PREMIER

### NOTIONS PRÉLIMINAIRES.

Le système légal des poids et mesures, dont l'usage est aujourd'hui obligatoire dans toute la France, est considéré à juste titre, non seulement comme un bienfait pour les relations commerciales, mais encore comme l'une des inventions les plus utiles à la société. En effet, si nous considérons le nombre infini des poids et mesures qui existaient avant l'établissement du système métrique, nous comprendrons sans peine combien un tel état de choses devait avoir d'inconvénients. Les provinces, même les plus rapprochées, entravées dans leurs transactions par la différence d'usage des poids et mesures, étaient en quelque sorte isolées les unes des autres ; la circulation des marchandises se trouvait considérablement gênée ; enfin, le commerce était difficile et dangereux pour les intérêts de ceux qui ne connaissaient point les rapports de toutes ces mesures entre elles. De là des trafics honteux, des abus de confiance sans nombre, source intarissable de querelles et de procès. Aujourd'hui, cette cause de discorde a complètement disparu ; au lieu de ces mesures variant à l'infini, n'ayant le plus souvent pour origine que le caprice ou le désir de la fraude, tantôt plus grandes pour acheter, tantôt plus petites pour vendre, nous avons un système de mesures adopté pour toute la France, dans le plus petit village comme dans les plus grandes villes, dont la base est inaltérable et tout à fait indépendante de la volonté de l'homme, puisqu'elle est prise dans la nature elle-même.

Pour établir l'uniformité des poids et mesures, on ne pouvait adopter aucun des systèmes qui avaient existé jusqu'alors, car pas un ne reposait sur un principe solide. Il fallait donc en créer un nouveau qui ne péchât point par la base : c'est ce qu'on fit, en prenant pour point de départ l'unité de longueur. La chose la plus importante était de déterminer, avec toutes les conditions de précision et de stabilité désirables, cette base sur laquelle devait reposer tout le système : il fallait pour cela qu'elle fût la plus naturelle, la plus inaltérable possible. On voulut revenir à l'idée de Picard qui, sous Louis XIV, avait proposé la longueur du pendule simple battant la seconde à Paris. On songea encore à prendre la hauteur d'un monument remarquable, ou bien encore la distance entre deux villes importantes; mais l'idée du temps qui détruit tout fit renoncer à ce projet, et l'on décida que l'unité de longueur serait tirée du contour même de la terre : grande et belle œuvre dont le gouvernement confia l'exécution à MM. Méchain et Delambre.

Les travaux de ces savants, commencés en 1791 et interrompus pendant la Révolution, furent terminés en 1799, avec la plus grande précision, malgré les obstacles de tous genres qu'ils eurent à surmonter. Nous n'avons point à nous occuper ici des opérations au moyen desquelles l'unité de longueur a été déterminée ; nous nous contenterons d'en exposer le résultat, en rappelant d'abord très-succinctement quelques notions relatives à notre globe terrestre, et indispensables pour bien faire comprendre comment l'unité de longueur a été tirée du contour de la terre.

## NOTIONS SUR LE GLOBE TERRESTRE.

La terre a la forme d'une boule immense qui, dans l'espace de 24 heures, tourne sur elle-même autour d'une ligne supposée, AB, qu'on nomme *axe,* et dont les deux extrémités se nomment *pôles;* l'un, pôle nord, au point A; l'autre, pôle sud, au point B. Par ce mouvement de rotation, la terre présente successivement toutes ses faces au soleil qui reste immobile ; c'est là ce qui produit l'alternative du jour et de la nuit. A égale distance des deux pôles, se trouve un cercle CE, nommé équateur, qui partage la terre en deux hémisphères (moitiés de sphère), l'un septentrional, CAE, l'autre méridional CBE. Ce cercle et celui qui passe par les deux pôles sont appelés *grands cercles*, parce qu'ils ont le même centre que la sphère, par opposition au cercle MN, qui est appelé *petit cercle*, parce que son centre n'est pas le même que celui de la sphère. Le cercle ACBE, qui passe par les deux pôles, est en outre appelé *méridien*, parce qu'il est midi en même temps pour tous les peuples qui sont dans sa direction, du côté AEB, et minuit pour tous ceux qui sont de l'autre côté, dans la même direction, ACB.

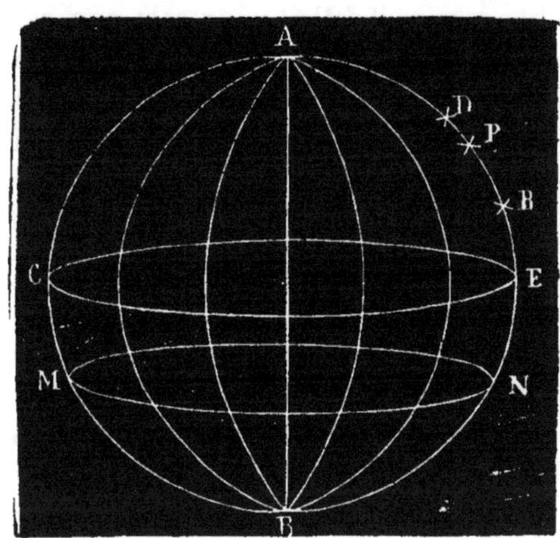


La terre, primitivement fluide, s'est aplatie dès l'origine de 4 lieues 1/2 à chaque pôle, par un effet du mouvement de rotation qu'elle exécute sur elle-même. Elle se trouve donc ainsi renflée vers l'équateur, de sorte que si l'on en faisait le tour en suivant un méridien, on ferait à peu près 9 lieues de moins qu'en suivant la direction de l'équateur. Cette différence est toutefois insensible, eu égard à l'immensité de la terre, qui n'en est pas moins considérée comme ronde.

Par chaque point du globe, il est toujours possible de supposer une circonférence qui en fasse le tour en passant par les deux pôles : il y a donc une quantité incalculable de méridiens. Chaque peuple a choisi le sien ; celui que la France a adopté passe par l'observatoire de Paris et les villes de Dunkerque, sous-préfecture du département du Nord, sur la mer du Nord, et de Barcelone en Espagne, sur la Méditerranée. Pour fixer les idées, désignons ces trois villes par les trois initiales D, P, B, placées sur le quart du méridien AE.

### Détermination du mètre.

Il avait été convenu que la nouvelle unité de longueur serait prise sur le quart du méridien ; mais il fallait pour cela que cet arc fût mesuré. Or, comme il ne pouvait l'être en entier, à cause des difficultés insurmontables qu'auraient présentées les mers polaires, toujours couvertes de glaces, on mesura seulement la portion de l'arc comprise entre Dunkerque et Barcelone, que l'on trouva de 551 585 toises (*ancienne unité de longueur usitée avant la découverte du mètre*). Restait à déterminer la longueur de l'arc entier ; voici comment on y arriva :

Le contour du méridien se divise, comme toute circonférence, en 360 parties égales appelées degrés. D'un autre côté, la portion de ce méridien, comprise entre Dunkerque et Barcelone, étant de 9° $\frac{2}{3}$, si l'on divise les 551 585 toises, distance qui sépare ces deux villes, par 9° $\frac{2}{3}$, valeur de cette même distance en degrés, on obtient 57 060,55 toises pour un degré terrestre. Maintenant, puisqu'il y a 90° de l'équateur au pôle, on aura 90 fois 57 060,55 ou 5 135 449 toises pour le $\frac{1}{4}$ du méridien.

Nous venons d'opérer en supposant la terre parfaitement ronde ; mais nous avons vu plus haut qu'elle est un peu aplatie aux deux pôles. En ayant égard à cet aplatissement de la terre, la longueur du $\frac{1}{4}$ du méridien se trouve réduite à 5 130 740 toises.

### Résumé.

Distance de Dunkerque à Barcelone, 551 585 toises.

Valeur de l'arc compris entre ces deux villes, 9° $\frac{2}{3}$.

551 585 : 9 $\frac{2}{3}$ = 57 060,55, valeur d'un degré terrestre.

57 060,55 × 90 = la distance de l'équateur au pôle, 5 135 449 toises.

Réduction occasionnée par l'aplatissement aux pôles, 5 130 740 toises.

On avait décidé que les multiples et les sous-multiples décimaux seraient seuls employés dans le nouveau système des poids et mesures. En conséquence, la longueur du $\frac{1}{4}$ du méridien, 5 130 740 toises, fut divisée en 10 millions de parties égales, et c'est à l'une de ces parties, dont la longueur est de 3 pieds 11 lignes 296, ou 443 lignes 296, que l'on donna le nom de *mètre* (mesure). La toise se subdivisait en 6 *pieds*, le pied en 12 *pouces*, et le pouce en 12 *lignes*.

On aurait pu diviser le $\frac{1}{4}$ du méridien par 100 000 000 au lieu de 10 000 000; mais alors, le diviseur étant 10 fois plus fort que dans le premier cas, le quotient aurait été 10 fois plus faible, ce qui aurait donné le décimètre, unité de longueur qui eût été beaucoup trop petite.

On aurait pu aussi diviser par 1 000 000; alors, le diviseur étant 10 fois plus petit que dans le premier cas, le quotient eût été 10 fois plus fort; on aurait eu ainsi le *décamètre*, unité de longueur qui eût été beaucoup trop grande. On a donc sagement agi en prenant pour diviseur 10 000 000, puisqu'on a obtenu de la sorte, pour le mètre, une longueur qui n'est ni trop grande ni trop petite.

Le mètre est donc la dix-millionième partie du quart du méridien terrestre; c'est l'unité de longueur qui sert de base à tous les autres poids et mesures, dont l'ensemble constitue un système auquel on donne le nom de *métrique*, puisqu'il dérive du mètre, ou bien encore de *système légal*, parce qu'il est prescrit par la loi.

### TABLEAU DE TOUTES LES UNITÉS EN USAGE DANS LA PRATIQUE DU SYSTÈME MÉTRIQUE.

1° LE MÈTRE, unité de mesure pour les longueurs.

2° LE MÈTRE CARRÉ, pour les surfaces ordinaires.

3° L'ARE, pour les surfaces arables ou les champs.

4° LE MÈTRE CUBE OU STÈRE, pour les solides, les volumes ou les corps.

5° LE LITRE, OU DÉCIMÈTRE CUBE, pour les capacités ou les contenances.

6° LE GRAMME, pour les poids.

7° LE FRANC, unité de monnaie.

Nous parlerons d'abord de l'unité de longueur, en faisant remarquer, avant tout, que dans la pratique on emploie les noms suivants pour les composés et les subdivisions de l'unité :

*Pour les composés ou multiples.*

1° DÉCA, qui signifie dix.
2° HECTO, — cent
3° KILO, — mille.
4° MYRIA, — dix mille.

*Pour les subdivisions ou sous-multiples.*

5° DÉCI, qui signifie dixième.
6° CENTI, — centième.
7° MILLI, — millième.

L'avantage que présentent ces nouvelles dénominations, c'est qu'en écrivant à la droite de chacune le nom d'une unité quelconque, on exprime d'une seule fois un nombre pour l'énonciation duquel plusieurs mots seraient nécessaires. Ainsi l'on dit :

1° DÉCALITRE, au lieu de dix litres.
2° HECTOMÈTRE, — cent mètres.
3° MYRIAGRAMME, — dix mille grammes.
4° CENTIARE, — centième de l'are.

Le franc est la seule unité à laquelle ces noms ne sont point applicables ; ainsi on ne dit point :

DÉCA franc. | DÉCI franc.
HECTO franc. | CENTI franc.

Pour les composés du franc, on emploie les noms ordinaires : *dix francs, cent francs, mille francs*. Quant aux subdivisions, elles sont exprimées par les mots : DÉCIME, CENTIME.

# CHAPITRE DEUXIÈME

## DU MÈTRE.

### Unité de longueur.

Mesurer une ligne, c'est chercher combien de fois elle en contient une autre à laquelle on la compare et que l'on prend comme unité, c'est-à-dire comme point de départ. Cette unité est le MÈTRE, mesure des plus commodes à cause de ses rapports très-simples avec les habitudes de l'homme. Ainsi, un homme de moyenne taille peut s'en servir comme d'une canne ; elle forme à peu près la longueur du pas ordinaire ; une épée, un sabre ont environ un mètre ; enfin, si l'on porte dix fois sur une même ligne la largeur d'une main moyenne, on trouve à peu de chose près la longueur du mètre, ce qui donne un décimètre pour la largeur de la main et de deux centimètres environ pour celle de chaque doigt.

Il est très-important et en même temps très-facile de se familiariser avec la longueur du mètre; ainsi, il n'est personne qui ne puisse retenir aisément le nombre de centimètres contenus dans la longueur du bras tendu, de l'épaule ou du coude à l'extrémité des doigts ; ou bien encore, qui ne puisse se faire à l'instant même l'idée du mètre entier, en remarquant à quel point vient aboutir le mètre appliqué sur le côté du corps, et reposant sur le même plan que les pieds.

### Des subdivisions du mètre.

Le mètre se divise en dix parties égales appelées *décimètres ;* chaque décimètre vaut à son tour dix parties égales, de sorte que les dix décimètres du mètre donnent dix fois dix ou cent parties appelées alors *centimètres :* le centimètre est donc le dixième du décimètre et le centième du mètre. Il se décompose lui-même en dix autres parties égales, ce qui donne en dernier lieu pour la longueur du mètre cent fois dix ou mille parties appelées dans ce cas *millimètres*. Le millimètre est donc le dixième du centimètre, le centième du décimètre, et enfin le millième du mètre. Toutes ces divisions sont tracées sur le mètre, et on les compte au moyen des nombres 10, 20, 30, 40, 50, 60, 70, 80, 90, 100. Ainsi, au premier décimètre, on voit écrit le nombre 10, rappelant que le décimètre vaut 10 centimètres ; au sixième décimètre, on lit le nombre 60, indiquant que les 6 décimètres valent 60 centimètres, et ainsi de suite. Afin qu'on puisse apercevoir du premier coup d'œil le milieu de chaque décimètre, le cinquième centimètre est marqué par un trait plus long que les autres. Quant aux millimètres, ils ne sont tracés que sur le premier décimètre d'un bout, et l'on voit aussi du premier coup d'œil le milieu de chaque centimètre indiqué par un trait plus long que les autres. Comme il est impossible de pousser plus loin la subdivision, on est forcé de s'arrêter au millimètre, qui est plus que suffisant pour les besoins ordinaires de la vie.

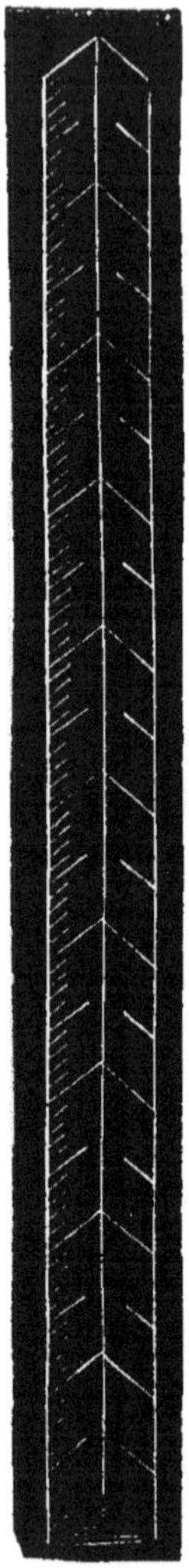

Au-dessous du mètre, on emploie encore le demi-mètre et le double décimètre ; ce dernier surtout est très-commode comme mesure de poche ; il est ordinairement en buis, et a, le plus souvent, la forme d'un solide triangulaire.

Les subdivisions en centimètres et en millimètres y sont marquées avec beaucoup de précision, et présentent cet avantage qu'elles touchent immédiatement la surface sur laquelle est appliqué le double décimètre ; de sorte qu'on peut tracer tout de suite une ligne d'une grandeur déterminée, sans avoir besoin de prendre cette longueur avec le compas pour la reporter ensuite sur le papier. On aussi des MÈTRES BRISÉS dont les dix décimètres se replient les uns sur les autres, et qui sont encore plus faciles à porter sur soi que les doubles décimètres.

### Des composés du mètre.

En plaçant dix mètres bout à bout, on obtient une longueur appelée *décamètre*. Cette mesure a différentes formes : celle dont se servent les arpenteurs est composée de cinquante bouts de gros fil de fer appelés *chaînons*, ayant chacun deux décimètres, et unis les uns aux autres par leurs extrémités contournées en forme d'anneau. Chaque mètre contient donc cinq chaînons ; ses deux extrémités sont terminées par un anneau en cuivre jaune qui sert à le faire reconnaître au premier coup d'œil. Aux deux bouts du décamètre, se trouvent deux poignées dont chacune est prise sur la longueur du dernier chaînon. Le milieu est indiqué par une tige de fer ayant cinq centimètres de long.

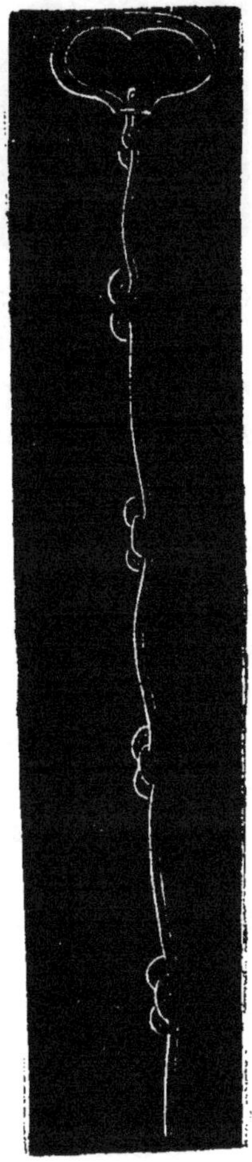

Pour se servir du décamètre, il faut avoir soin de le tendre bien horizontalement, en veillant à ce que les anneaux ne soient pas retournés les uns sur les autres. Comme il pourrait arriver qu'à force d'être tirée, la chaîne s'allongeât un peu, il faut de temps en temps la vérifier en l'appliquant sur une ligne de dix mètres qu'on a mesurée avec beaucoup de soin sur une surface bien unie. S'il y a une différence en plus, on en tient compte à la fin de l'opération. Le mesurage d'une ligne au moyen du décamètre exige toujours la présence de deux personnes : celle qui marche en avant porte dix fiches ; elle en plante une à l'extrémité du premier décamètre, une autre à l'extrémité du deuxième, une autre à l'extrémité du troisième, et ainsi de suite. Ces fiches repassent sucessivement dans les mains de la personne qui marche en arrière, et lorsque celle-ci a relevé les dix fiches, elle inscrit 100 mètres et les repasse à la première qui marche en avant.

Les ingénieurs, les architectes et presque tous les ouvriers se servent aussi du décamètre ; mais alors il n'a plus la même forme : c'est un ruban verni sur lequel sont marquées, dans toute la longueur, les divisions en mètres, décimètres et centimètres. Ce ruban s'enroule au moyen d'une petite manivelle, à l'intérieur d'un étui en cuir ayant la forme d'une *roulette,* nom qu'on donne dans ce cas au décamètre.

Dix décamètres portés à la suite les uns des autres donnent une longueur appelée *hectomètre ;* dix hectomètres font un *kilomètre ;* enfin, dix kilomètres donnent le *myriamètre.*

## MESURES ITINÉRAIRES.

L'hectomètre, le kilomètre et le myriamètre ne sont point des mesures *effectives,* c'est-à-dire qui soient exécutées et fournies par l'industrie, comme le mètre et le décamètre ; elles servent plus particulièrement à évaluer la longueur des routes, et c'est pour cela qu'on les a nommées mesures *itinéraires,* c'est-à-dire de chemin. Ainsi, les routes sont aujourd'hui divisées en kilomètres : entre deux bornes on en voit d'autres plus petites en bois ou en pierre, indiquant les hectomètres. On ne compte toujours que neuf de ces dernières, car le kilomètre suivant tient lieu de la dixième.

Les distances ne doivent donc plus être exprimées qu'en kilomètres ou en myriamètres, de sorte qu'au lieu de dire qu'il y a trente lieues d'Orléans à Paris, on se servira de ces mots : *cent vingt kilomètres* ou *douze myriamètres,* en prenant quatre kilomètres pour la valeur d'une lieue.

**Unité de longueur proportionnelle aux lignes que l'on veut mesurer.**

Après avoir parlé de toutes les subdivisions et de tous les composés du mètre, il est utile de dire dans quel cas chacun peut être pris comme unité de mesure. *Mesurer* une ligne, c'est chercher combien de fois elle contient une unité déterminée à l'avance ; on conçoit très-bien dès lors que l'unité choisie doit être proportionnée aux lignes que l'on doit mesurer. Ainsi, la longueur d'un crayon, d'un porte-plume, d'une règle, sera exprimée en *centimètres ;* l'épaisseur d'un livre, si elle est peu considérable, sera énoncée en millimètres ; on ne comparera pas la longueur d'une salle au kilomètre ; de même, les distances très-grandes ne seront point évaluées en mètres, mais en kilomètres ou en myriamètres : c'est ainsi que pour exprimer la plus grande longueur de l'Europe, on dira bien plus commodément 5 500 kilomètres ou 550 myriamètres que 5 500 000 mètres.

QUESTIONNAIRE

1. Qu'est-ce que le mètre ? d'où a-t-il été tiré ?
2. Quelles sont les autres unités en usage dans la pratique du système métrique ?
3. Quelles sont les nouvelles dénominations adoptées pour les composés et les subdivisions de ces unités, et quel avantage y a-t-il à s'en servir ? Sont-elles applicables au franc ?
4. Qu'est-ce que mesurer une ligne ? Comment peut-on se familiariser avec la longueur du mètre et de ses subdivisions ?
5. Quelles sont ces subdivisions ? Quelle valeur ont-elles les unes par rapport aux autres, et sur quelles mesures usuelles sont-elles tracées ?
6. Quel est le composé du mètre le plus en usage ? Faites-en la description, et expliquez comment on doit s'en servir.
7. Qu'entendez-vous par mesures itinéraires, et nommez-les ? Comment les routes sont-elles divisées aujourd'hui, et comment énonce-t-on la distance d'un lieu à un autre ? Exemple.
8. Peut-on mesurer une ligne quelconque avec n'importe quelle unité de longueur ? Exemples.

### Avantage résultant de la comparaison du nouveau système à l'ancien.

Après avoir exposé tout ce qu'il y a de plus important à dire sur chaque unité du nouveau système, il est utile d'ajouter quelques mots sur l'unité correspondante tolérée avant 1840, eu égard à son rapport très-simple avec la mesure légale; mais il serait absurde de revenir sur les anciennes mesures usitées avant la création du système métrique, et qui sont depuis longtemps complètement abandonnées.

Sans doute, quelques auteurs ont insisté sur la suppression absolue de tout ce qui peut rappeler les anciennes mesures dans les écoles ; mais on peut objecter que, pour bien faire ressortir les avantages du nouveau système, il peut être permis de mettre en évidence les inconvénients de l'ancien système. De cette manière, l'enfant, jugeant par comparaison, fera vite son choix, et il le fera bien ; alors il y aura moins de danger qu'au sortir de l'école il abandonne les principes qu'il y aura reçus, pour se laisser aller à la routine ordinaire des ateliers.

Au contraire, la connaissance des rapports qui existent entre l'ancien et le nouveau système pourra lui fournir l'occasion de corriger le langage de ses camarades, ce qui lui sera toujours très-facile par la simplicité des calculs qu'on lui aura enseignés pour passer d'un système à l'autre.

### Mesures usuelles portant les noms des anciennes mesures, et basées sur les nouvelles, en vertu d'un décret impérial du 8 février 1812.

Ce décret fut motivé par l'impossibilité où l'on était de faire passer brusquement les populations de l'emploi des anciennes mesures à l'usage exclusif du nouveau système. On ne pouvait y arriver que peu à peu, par une transition bien ménagée. Pour cela, on conserva les noms des anciennes mesures; mais on en modifia la valeur de telle sorte que, tout en maintenant les mêmes composés et les mêmes subdivisions que par le passé, on avait l'avantage de se rapprocher des multiples et des sous-multiples des mesures légales, avec lesquels on devait ainsi se familiariser peu à peu.

Cet état de choses dura jusqu'en 1840, époque à laquelle l'usage du système métrique dans toute son intégrité primitive fut rétabli par toute la France. Avant 1840, l'emploi du mètre n'était donc point encore obligatoire : on se servait, pour mesurer les étoffes, d'une aune qui valait douze décimètres, c'est-à-dire deux décimètres de plus que le mètre, de sorte que ce dernier pouvait être considéré comme une aune diminuée de deux décimètres ou d'un sixième. Ainsi, une étoffe qui coûtait 18 fr. l'aune revenait à 15 fr. le mètre ; une autre qui valait 12 fr. l'aune revenait à 10 fr. le mètre ; ainsi de suite, en retranchant toujours le sixième du prix de l'aune pour trouver le prix du mètre. On rencontre encore des personnes tellement habituées aux mots demi, tiers, quart, cinquième, sixième, huitième, douzième de l'aune, qu'elles ne peuvent changer leur langage. Rien n'est pourtant plus facile que l'emploi des termes ordonnés par la loi.

En effet, puisque l'aune vaut 120 centimètres,

| | | | |
|---|---|---|---|
| une demi-aune | = | 0m 60 | — |
| un tiers — | = | 0 40 | — |
| un quart — | = | 0 30 | — |
| un cinquième — | = | 0 24 | — |
| un sixième — | = | 0 20 | — |
| un huitième — | = | 0 15 | — |
| un dixième — | = | 0 12 | — |
| un douzième — | = | 0 10 | — |

Supposons maintenant qu'on vienne demander à un marchand 3 aunes $\frac{1}{5}$ d'une étoffe qu'il vend 12 fr. le mètre ; voici le calcul très-simple qu'il aura à faire :

| | |
|---|---|
| 3 aunes valent 3 fois 1m 20, ou.......... | 3m 60 |
| Un cinquième vaut.................... | 0 24 |
| Total......... | 3m 84 |

Multipliant 3m 84 par le prix du mètre 12 fr., il trouve 3m 84 × 12 fr. = 46 fr. 08 pour la somme qui devra lui être payée.

Pour mesurer les longueurs ordinaires, on employait la toise, formée de 2 mètres placés bout à bout. Cette toise était divisée, comme l'ancienne, en 6 pieds, le pied en 12 pouces, le pouce en 12 lignes ; il est donc très-facile de savoir combien le pied, le pouce et la ligne valent en mesures métriques. En effet, puisque le mètre vaut 1000 millimètres,

| | |
|---|---|
| Le pied, qui est le $\frac{1}{3}$ du mètre, vaut,... | 0m 333 |
| Le pouce, qui est le $\frac{1}{12}$ du pied, vaut.... | 0 027 |
| La ligne, qui est le $\frac{1}{12}$ du pouce, vaut... | 0 002 |

*Observation.* — On peut se contenter de trois chiffres décimaux, si l'on n'a pas besoin d'une grande exactitude.

Supposons maintenant qu'un ouvrier, qui ne connaît point encore le système métrique, présente un mémoire de 6 toises 5 pieds 9 pouces et 8 lignes d'un ouvrage qui doit lui être payé 6 fr. le mètre. Voici comment on lui fera son compte :

| | | |
|---|---|---|
| Six toises valent 6 fois 2m, ou......... | 12m | |
| Cinq pieds valent 5 fois 0m 333, ou.... | 1 | 665 |
| Neuf pouces valent 9 fois 0m 027, ou,.. | 0 | 243 |
| Huit lignes valent 8 fois 0m 002, ou.... | 0 | 016 |
| Total........ | 13m | 924 |

Il ne reste plus qu'à multiplier ces 13m 924 par le prix d'un mètre, 6 fr., ce qui donne pour produit 83 fr. 54, somme qui doit être remise à l'ouvrier.

Il faut bien se garder de confondre la toise métrique, dont nous venons de parler, avec l'ancienne toise dite *du Pérou*, dont il a déjà été question au commencement du cours, et dont le mètre est les 0t 513, d'après le calcul suivant :

La distance de l'équateur au pôle est de 10 000 000 de mètres, ou 5 130 740 toises : un seul mètre vaut donc la dix-millionième partie de 5 130 740 toises, ou 0t 513, en reculant la virgule de 7 rangs vers la gauche.

L'ancienne lieue de poste correspondait à 5 kilomètres, tandis que la nouvelle n'en vaut plus que 4.

S'il arrivait qu'on eût des lieues anciennes à convertir en lieues nouvelles, il faudrait donc multiplier d'abord les premières par 5 pour les réduire en kilomètres, et diviser ensuite par 4.

On trouve ainsi que 20 lieues de poste anciennes valent 100 kilomètres, ou 25 lieues nouvelles de 4 kilomètres.

On ferait le contraire, si l'on avait des lieues nouvelles à convertir en anciennes lieues de poste : on multiplierait d'abord par 4 pour les convertir en kilomètres, et l'on diviserait ensuite par 5. On trouve ainsi que 30 lieues de 4 kilomètres font 24 lieues anciennes de 5 kilomètres.

# CHAPITRE TROISIÈME

## UNITÉ DE MESURE POUR LES SURFACES.

### Mètre carré.

On appelle *surface* l'étendue qui a deux dimensions : longueur et largeur, abstraction faite de toute épaisseur. C'est la partie visible des corps qui peut être touchée et non saisie.

Mesurer une surface, le plafond d'une chambre, par exemple, c'est chercher combien de fois elle contient une autre surface plus petite, prise comme terme de comparaison, comme unité.

Puisque le mètre est l'unité de longueur, il est tout naturel de prendre pour unité de mesure des surfaces un carré d'un mètre de côté ; c'est ce qu'on appelle le *mètre carré*, dont on comprend ainsi facilement le rapport avec le mètre, unité de longueur. On indique le mètre carré de la sorte : $m^2$, le chiffre 2 rappelant que le carré est une surface à 2 dimensions égales.

### Subdivisions du mètre carré et manière de les écrire.

Nous avons vu que le mètre vaut dix décimètres ; mais il n'en est pas de même pour le mètre carré, qui se décompose en cent décimètres carrés, comme on le voit dans la figure suivante.

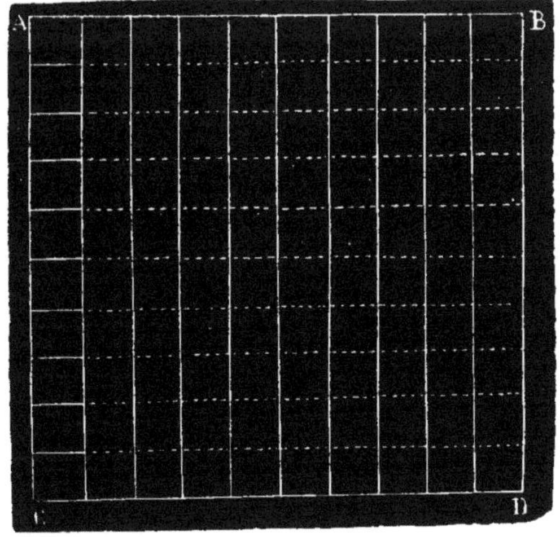


Supposons le carré ABCD d'un mètre de côté, et partageons en dix décimètres chacun des deux côtés *adjacents* AB et AC. (*On appelle côtés adjacents ceux qui abou-*

*tissent au même point.)* Si, par chaque point de division du côté AB, on mène des parallèles au côté AC, on obtient dix bandes ayant chacune un mètre de long sur un décimètre de largeur. Maintenant, si l'on mène également des parallèles par chaque point de division du côté AC, on voit se former dans la première bande dix carrés qui ont un décimètre de côté ; or, comme il y a dix bandes pareilles dans le carré, il contient donc dix fois dix ou cent décimètres carrés. On démontrerait de la même manière que le décimètre carré vaut cent centimètres carrés; que le centimètre carré vaut cent millimètres carrés. Comme on vient de le voir, le mètre carré se décompose en parties de cent en cent fois plus petites, et vaut cent décimètres carrés ou dix mille centimètres carrés, ou enfin un million de millimètres carrés.

Nous avons vu en arithmétique que les centièmes occupent le deuxième rang à droite de l'unité, dans les nombres écrits. Par conséquent, les décimètres carrés étant des centièmes de mètre carré, doivent occuper le deuxième rang à droite de la virgule décimale. Pour la même raison, les centimètres carrés doivent tenir le deuxième rang à droite des décimètres carrés, et enfin les millimètres carrés le deuxième rang à droite des centimètres carrés.

Donc, chaque fois que l'on fera un calcul de mètres carrés, il faudra toujours prendre après la virgule décimale deux chiffres pour les décimètres carrés, deux autres chiffres pour les centimètres carrés, enfin deux autres pour les millimètres carrés, comme dans les exemples suivants :

1° Huit mètres carrés, sept décimètres carrés. . 8m²,07

2° Quinze mètres carrés, douze décimètres carrés, neuf centimètres carrés.................. 15, 12. 09

3° Un mètre carré, trente-cinq centimètres carrés.............................. 1, 00 ,35

### Applications du mètre carré à la mesure des surfaces.

Lorsqu'on veut mesurer une surface, on ne prend pas en réalité un mètre carré que l'on porte sur cette surface autant de fois qu'il peut y être contenu. On y arrive par le calcul, en mul-

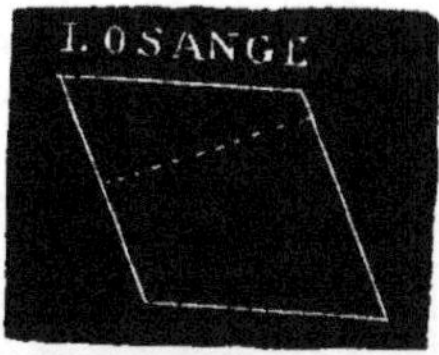


tipliant la longueur par la largeur ; mais il faut pour cela que la surface à mesurer ait l'une des formes ci-dessus, auxquelles on a donné le nom général de *parallélogrammes.*

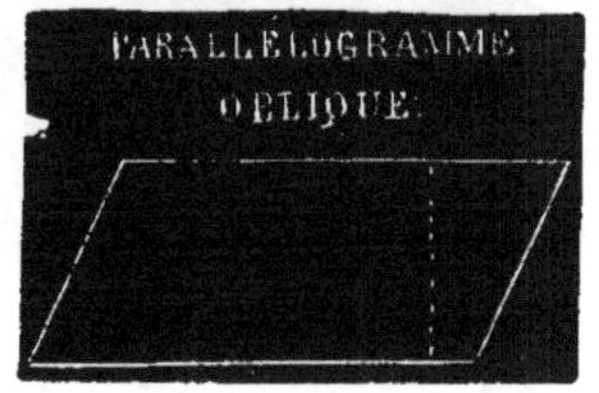


Dans le cas où la figure est un losange ou un parallélogramme oblique, on en obtient la surface en multipliant un côté par la perpendiculaire menée entre ce côté et celui qui est opposé.

Supposons, pour fixer les idées, qu'il faille chercher le nombre de mètres carrés contenus dans le carrelage d'une chambre de la forme suivante ABMN :

On n'a qu'à multiplier la longueur AB par la perpendiculaire CD, menée entre le côté AB et son opposé MN, ce qui donne 8,25 $\times$ 5,75 = 47,43.75 que l'on énonce ainsi : *quarante-sept mètres carrés, quarante-trois décimètres carrés, soixante-quinze centimètres carrés,* d'après ce que nous venons de voir en parlant de la subdivision du mètre carré.

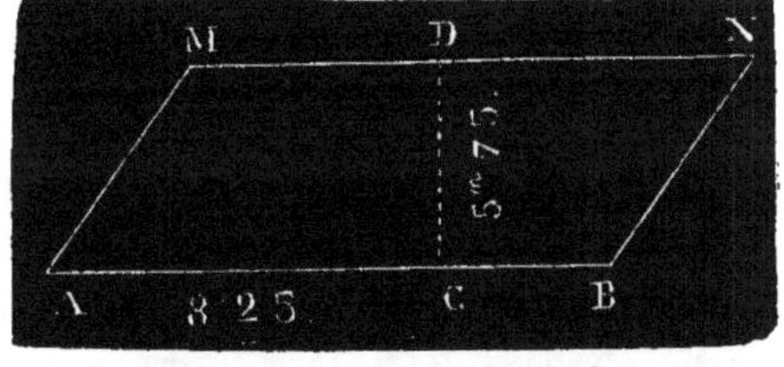


S'il s'agissait de mesurer un triangle, on multiplierait l'un des côtés pris comme *base* par la *hauteur*, c'est-

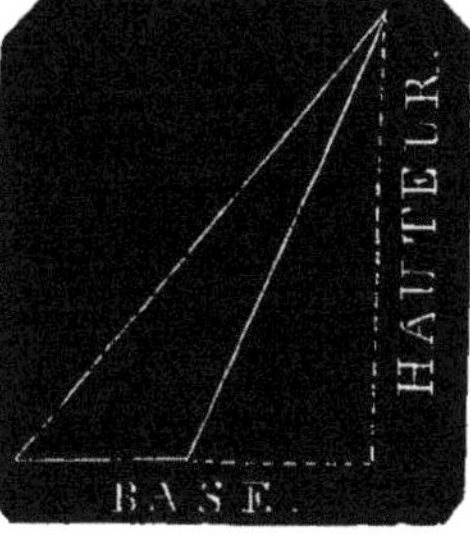


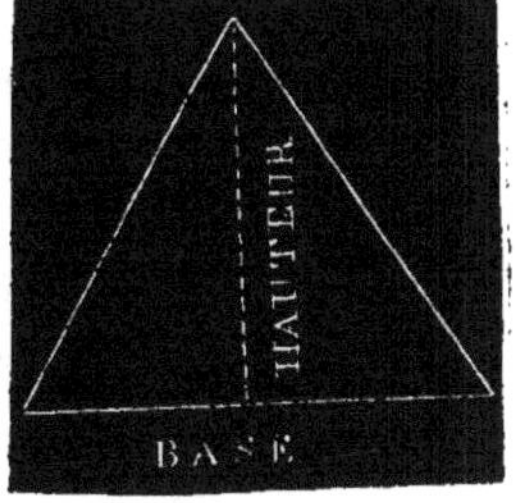

à-dire la perpendiculaire menée du sommet opposé sur ce côté ou sur son prolongement; on prendrait ensuite la moitié du produit, en considérant qu'un triangle est toujours la moitié d'un parallélogramme de même base et de même hauteur.

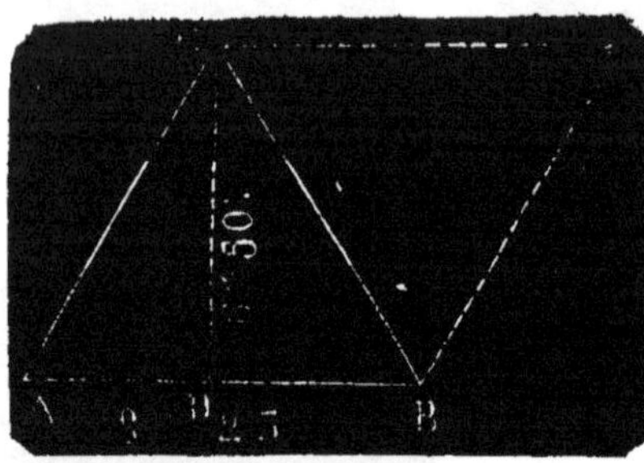

Ainsi, pour avoir la surface d'un triangle ACB, dont la base AB est de 8,25 et la hauteur CD de 6,50, on trouve :

$$\frac{8{,}25 \times 6{,}50}{2} = 26^{m^2}{,}81{,}25$$

que l'on énonce ainsi : *vingt-six mètres carrés, quatre-vingt-un décimètres carrés, vingt centimètres carrés.*

Lorsque le triangle est équilatéral, on peut en avoir la surface, connaissant le côté seulement. Pour cela, on fait le carré de ce côté, que l'on multiplie par la racine carrée de 3, et l'on divise le produit par 4, opérations indiquées par cette formule :

$$\frac{C^2 \sqrt{3}}{4}$$

La figure EFGH, dans laquelle on ne voit que deux côtés parallèles, savoir : EF pararallèle à GH, est appelée *trapèze*.

On en obtient la surface en multipliant la demi-somme des côtés parallèles par la perpendiculaire menée entre les deux.

Ainsi, pour avoir la surface du trapèze EFGH, on additionne les bases parallèles EF et GH et l'on prend la moitié de la somme, que l'on multiplie par la hauteur EG.

Si l'on avait à mesurer une surface irrégulière ABCDEFGHIJ, on tracerait une ligne droite entre les deux points les plus éloignés ; de chacun des sommets des autres angles, on abaisserait sur cette ligne des perpendiculaires qui décomposeraient la figure totale en triangles et en trapèzes, dont on obtiendrait séparément la surface; ensuite, faisant la somme de ces surfaces partielles, on aurait la superficie totale de la figure entière.

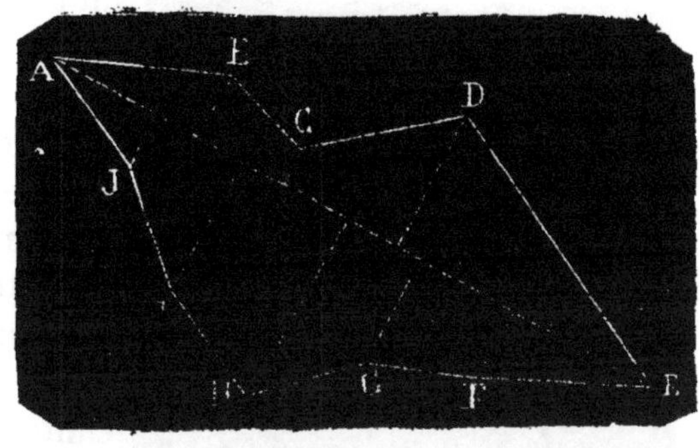


Si la surface était régulière, c'est-à-dire si tous les angles et les côtés étaient égaux, on aurait alors une figure appelée *polygone régulier*. Dans ce cas, on en obtiendrait la surface en multipliant le contour par la moitié de la perpendiculaire abaissée du centre sur le milieu d'un côté, et que l'on nomme *apothême*.

Ainsi, pour avoir la surface du polygone régulier ABCDEF, dont un des côtés est de 4 mètres et l'apothême de $3^m,45$, on en prend le contour, qui est de 6 fois 4 mètres $= 24^m$, que l'on multiplie par la moitié de l'apothême OI ou par 1,725, ce qui donne $41^m,40$ carrés pour superficie du polygone régulier.

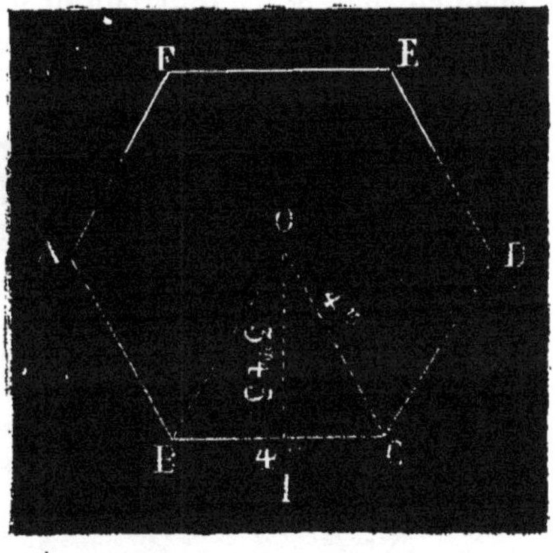


Quand le polygone régulier est un hexagone, comme dans la figure ci-jointe, on en obtient encore la surface en prenant trois fois le carré du côté, que l'on multiplie par racine carrée de 3, en divisant le produit par 2, suivant cette formule :

$$\frac{3\ C^2 \sqrt{3}}{2}$$

Le *cercle,* c'est-à-dire la surface limitée par la circonférence KLMN, doit être considéré comme un polygone régulier d'un nombre infini de côtés; par conséquent, on le mesurera de la même manière en multipliant la circonférence par la moitié de l'apothème qui, dans ce cas, n'est pas autre chose que le rayon du cercle OM.

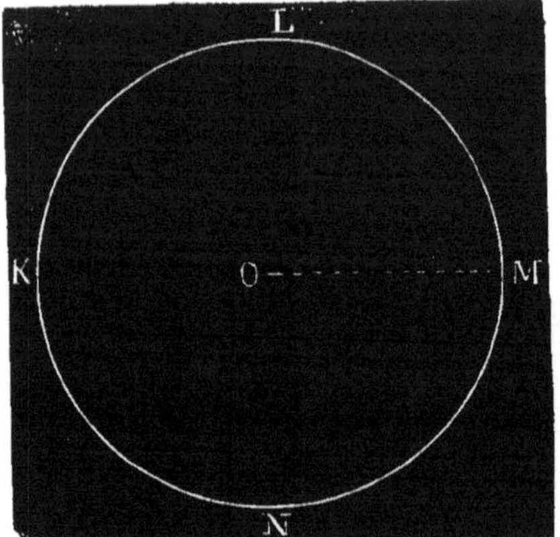


Mais, pour multiplier le contour par la moitié du rayon, il faut le connaître. Or, voici comment on le trouve. On prouve en géométrie que si le diamètre d'un cercle est 1, le contour est 3,1416 ; par conséquent, si le diamètre est 2, le contour sera deux fois 3,1416 = 6,2832, ainsi de suite ; le contour du cercle est donc un produit dont les facteurs sont : 1° le *diamètre ;* 2° le *nombre invariable* 3,1416. Divisant donc le produit, c'est-à-dire la circonférence, par le facteur connu 3,1416, on a pour quotient le diamètre dont on prend le quart pour avoir tout de suite la moitié du rayon. Faisons l'application de cette règle sur un exemple :

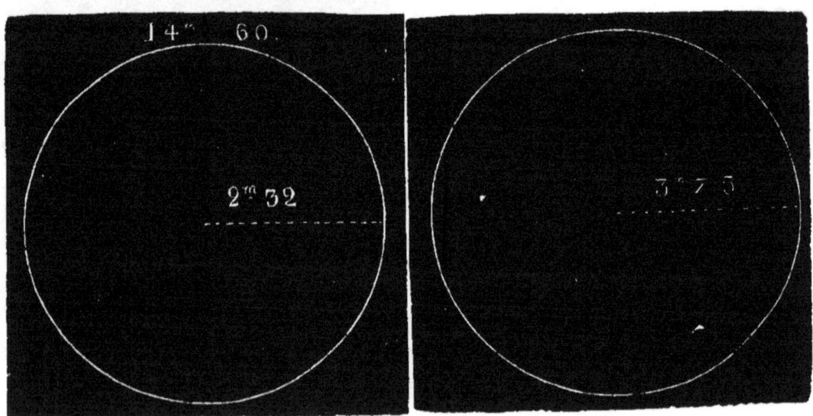


Quelle est la surface d'un cercle dont le contour est de 14m,60 ?

$$\text{On a : } \frac{14^{m},60}{3,1416} = 4,64$$

pour le diamètre, et

$$\frac{4,64}{4} = 1,16$$

pour le demi-rayon ; 14,60 × 1,16 = 16,93.60, c'est-à-dire 16 *mètres carrés,* 93 *décimètres carrés,* 60 *centimètres carrés,* pour la surface du cercle donné.

Si le rayon du cercle était donné, il faudrait en chercher la circonférence en doublant ce rayon pour avoir le diamètre, que l'on multiplierait ensuite par 3,1416, comme nous l'avons vu plus haut.

Appliquons cette règle à l'exemple suivant :

Quelle est la surface d'un cercle de 3m,75 de rayon ?

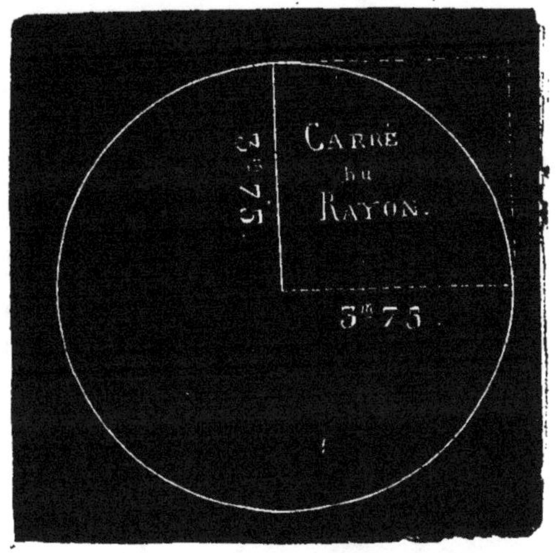


On a d'abord :

$$3,75 \times 2 = 7^{m}50$$

pour le diamètre,

$$3,1416 \times 7,50$$

égale 23m,56, contour du cercle,

$$25,56 \times \frac{3,75}{2} = 44^{m2}17.50$$

surface du cercle.

On peut encore obtenir la surface d'un cercle en multipliant le carré du rayon par 3,1416. Pour nous en convaincre, appliquons cette règle à la dernière question, et nous arriverons au même résultat, à peu de chose près.

3,75 × 3,75 = 14,0625, carré du rayon.
14,0625 × 3,1415 = 44,17.87, surface du cercle.

Pour abréger, on est convenu de désigner le nombre 3,1416 par le signe suivant $\pi$, que l'on appelle *pi*.

Le carré du rayon s'indique ainsi : $R^2$, de sorte que les opérations précédentes sont résumées dans la formule suivante : $\pi R^2$.

Lorsque les nombres sont représentés par des lettres, on n'emploie aucun signe pour en indiquer la multiplication.

Il est important de bien retenir cette expression : $\pi R^2$, indispensable pour la solution de certains problèmes relatifs aux surfaces, ainsi qu'aux solides, et très-intéressants.

Il est surtout utile de se familiariser avec le nombre constant 3,1416, que l'on emploie à chaque instant dans ces calculs.

Il peut arriver qu'on ait quelquefois à construire un cercle un certain nombre de fois plus grand ou plus petit qu'un autre ; pour cela, il faut savoir que les cercles sont entre eux comme les carrés de leurs rayons : c'est-à-dire que si l'on veut avoir un cercle trois fois plus grand qu'un autre, par exemple, il faut que le carré construit sur le rayon du deuxième cercle soit trois fois plus grand que le carré construit sur le rayon du premier cercle.

EXEMPLE :

**Un terrain circulaire a 4m 75 de rayon**; que faut-il faire pour le **rendre 2 fois 1/2 plus grand?**

**On a :**

Le carré du rayon = 4,75 × 4,75 = 22,56.25.

22,56.25 × 2,5 = 56,40.62, carré du rayon du cercle 2 fois 1/2 plus grand, $\sqrt{56,40.62}$ = 7m 51, rayon du cercle 2 fois 1/2 plus grand que le premier.

Pour obtenir la surface de la couronne comprise entre deux cercles dont on connaît les rayons, au lieu de calculer séparément la surface des deux cercles, et retrancher la plus petite de la plus grande, on peut plus simplement multiplier la somme des deux rayons par leur différence, et le produit par 3,1416.

Par exemple, le grand rayon étant 0,48 et le petit 0,15, la somme des rayons est 0,63 et leur différence 0,33.

On a donc :

063 × 0,33 × 3,1416 = 0m²6531 pour la surface de la couronne.

**On appelle secteur de cercle** la surface comprise entre deux rayons et l'arc AC qu'ils renferment.

Puisqu'on obtient la surface du cercle en multipliant la circonférence par la $\frac{1}{2}$ du rayon AB, on aura de même la surface du secteur en multipliant la moitié du rayon par la longueur de l'arc AC, que l'on trouve de la manière suivante :

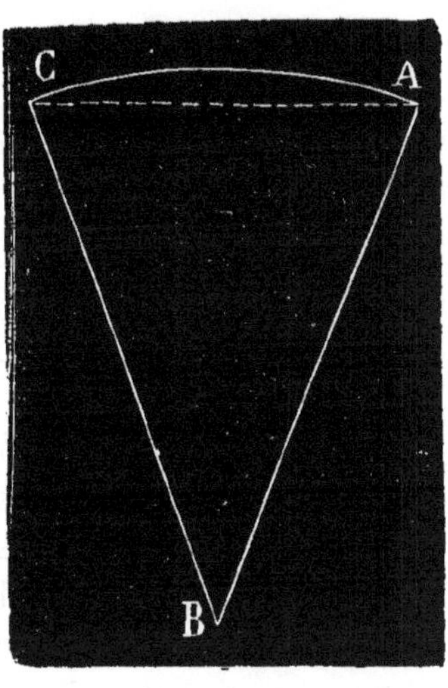


Après avoir mesuré avec le rapporteur le nombre de degrés de l'arc, on cherche quelle est la longueur d'un degré, en divisant la circonférence par 360°, et l'on multiplie le quotient par le nombre de degrés de l'arc. On peut encore multiplier la surface du cercle par le nombre de degrés de l'arc, et diviser le produit par 360.

On appelle segment la portion de cercle comprise entre un arc et la corde qui le soutend. Pour le mesurer, on calcule la surface du secteur, dont on retranche celle du triangle isocèle ABC.

La surface limitée par la ligne courbe qu'on appelle *ellipse* se mesure en multipliant la moitié du grand axe par la moitié du petit, et ce premier produit par 3,1416. Ce principe posé, quelle est la surface d'une ellipse dont le *grand axe*, c'est-à-dire la longueur, est de 3m, 50, et le *petit axe*, c'est-à-dire la largeur, de 1m,75 ?

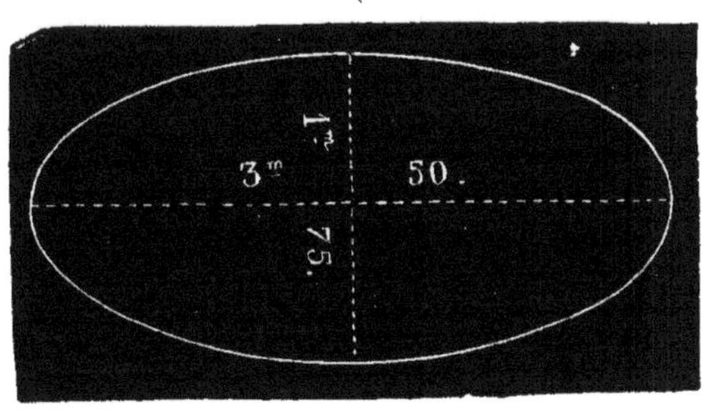


On a :

$$\frac{3,50}{2} \times \frac{1,75}{2} = 1,53 \text{ produit des deux demi-axes.}$$

$$1,53 \times 3,1416 = 4m^2, 80.66, \text{ surface demandée.}$$

On obtiendrait le même résultat en multipliant le 1/4 du produit des deux axes par 3,1416.

**Unité de mesure pour les surfaces arables, c'est-à-dire pour les champs.**

Le mètre, le décimètre et le centimètre carrés servent à évaluer les petites surfaces ; mais quand il s'agit de surfaces plus grandes, l'unité qu'on emploie doit être proportionnée à l'étendue qu'on veut mesurer ; or, comme il serait incommode d'avoir à énoncer un nombre trop considérable de mètres carrés, on a pris pour unité un carré qui a un décamètre de côté, et qu'on nomme pour cela *décamètre carré*. Cette unité servant à évaluer la superficie des champs, se nomme, pour cette raison, mesure agraire. On l'appelle aussi *are*, parce qu'elle sert pour les surface *arables* ou labourables.

Puisque l'are est un carré qui a 10 mètres sur chaque côté, si par chaque point de division des deux côtés adjacents on mène des parallèles, comme nous l'avons déjà fait pour le mètre carré, l'are se trouvera divisé en 100 carrés d'un mètre de côté. Chacun de ces carrés est donc un mètre carré et en même temps la centième partie de l'are, ou un *centiare*. D'où l'on voit que le mètre carré et le centiare sont exactement la même chose.

Le centiare est la seule subdivision usuelle de l'are, qui n'admet aussi qu'un seul composé : l'*hectare*. Ce dernier est représenté par un carré qui a un hectomètre de côté ; c'est pour cela qu'on l'appelle encore *hectomètre carré*.

Maintenant, comme le côté de l'hectare vaut 10 décamètres, si par chacun des points de division de deux côtés adjacents on mène des parallèles, comme nous l'avons fait pour le mètre carré et pour l'are, l'hectare se trouve ainsi décomposé en 100 carrés qui ont chacun un décamètre de côté, c'est-à-dire en 100 ares ou en 10 000 mètres carrés ou centiares, puisque l'are vaut 100 mètres carrés.

Le *déciare* n'existe point dans la nomenclature, parce que chaque unité de surface doit être un carré tel que son côté soit exprimé par un nombre entier, sans fraction. Or, le déciare vaut 10 mètres carrés, et il est impossible de trouver pour côté de cette unité un nombre entier qui, multiplié par lui-même, produise 10.

Même raisonnement pour le *déca-are,* qui vaut 1 000 mètres carrés, lequel nombre ne peut être produit par aucun autre nombre entier multiplié par lui-même.

Comme on le voit par les explications qui précèdent, les ares étant des *centièmes* d'hectare, doivent occuper, dans les nombres écrits, le 2e rang à droite de la virgule qui les sépare des hecaares: de même les centiares étant des *centièmes* d'are, tiendront ussi le 2e rang à droite de la virgule qui les sépare des ares : par conséquent, le nombre suivant : 7 hectares 3 ares 8 centiares devra s'écrire de la sorte : $7^{h},03^{a},08^{c}$.

Que l'on ait à mesurer une pièce de terre rectangulaire, par exemple, de 185 mètres de long sur 95 mètres de large. Après avoir multiplié la longueur par la largeur, on trouve pour produit 17 575 mètres carrés, que l'on énonce ainsi : $1^{\text{hectare}}$, $75^{\text{ares}}$,$75^{\text{centiares}}$, en séparant le nombre de mètres carrés par tranches de deux chiffres, de droite à gauche jusqu'aux unités d'hectares. Même manière d'opérer sur tous les nombres possibles de mètres carrés.

Il faut bien se garder de confondre, comme le font encore certains ouvriers, les *dixièmes de mètre carré* avec les *décimètres carrés.* Nous savons que le mètre carré vaut 100 décimètres carrés; donc, le dixième est de dix décimètres carrés, quantité dix fois plus forte que le décimètre carré. On ne confondra pas non plus le *centième de mètre carré*, qui vaut un décimètre carré, avec le *centimètre carré*, quantité cent fois plus petite.

Bien des gens disent encore *dix mètres carrés* pour désigner un carré qui a dix mètres de côté. Nous savons que ce dernier vaut cent mètres carrés. C'est donc une très-grave erreur d'énoncer dix mètres carrés au lieu de cent; par conséquent, on remplacera cette expression *dix mètres carrés* par l'une de celleci : *dix mètres en carré,* ou mieux encore, *décamètre carré*.

## QUESTIONNAIRE

1. Qu'est-ce qu'une surface? Qu'est-ce que mesurer une surface?

2. Qu'est-ce que le mètre carré? Comment l'indique-t-on? Comment le divise-t-on? Exemple.

3. Combien prend-on de chiffres pour écrire les décimètres, les centimètres et les millimètres carrés? Expliquez pourquoi sur un exemple.

4. Quelles sont les surfaces que l'on mesure au moyen d'une simple multiplication? Exemple.

5. Quelles sont les surfaces que l'on mesure au moyen d'une multiplication et d'une division? Expliquez pourquoi.

6. Qu'est-ce que le trapèze, et comment le mesure-t-on?

7. Une surface des plus irrégulières étant donnée, comment peut-on l'évaluer? Exemple.

8. Qu'est-ce que le polygone régulier, et comment le mesure-t-on? Exemple.

9. Qu'est-ce que le cercle? Comment doit-il être considéré, et comment le mesure-t-on, connaissant : 1° le rayon; 2° la circonférence? Donnez un exemple pour chaque cas.

10. Faites connaître un autre moyen de mesurer le cercle. Que signifie cette expression $\pi R^2$?

11. Comment compare-t-on deux cercles entre eux? Exemple.

12. Quel est le moyen le plus abrégé d'obtenir la surface de la bande circulaire comprise entre deux cercles qui ont le même centre?

13. A quoi est égale la surface d'une ellipse?

14. Qu'entendez-vous par surfaces arables ou agraires?

15. Quels noms donne-t-on à l'unité qui sert à les évaluer?

16. Comment l'are est-il divisé? Démontrez-le, et faites voir que le mètre carré et le centiare sont la même chose.

17. Quels noms donne-t-on au seul composé de l'are, et comment le divise-t-on?

18. Pourquoi le déciare et le déca-are n'existent-ils point dans la nomenclature?

19. Un nombre de mètres carrés ou centiares étant donné, comment le transforme-t-on en ares et en hectares?

20. Combien prend-on de chiffres pour écrire les ares et les centiares à la suite des hectares? Expliquez pourquoi sur un exemple.

21. Doit-on confondre, comme le font encore beaucoup d'ouvriers, les dixièmes de mètre carré avec les décimètres carrés; enfin, dix mètres carrés avec décamètre carré?

## ANCIENNES MESURES DE SURFACE.

Les anciennes mesures destinées aux petites surfaces, avant 1840, étaient :

1° La toise carrée ;
2° Le pied carré ;
3° Le pouce carré ;
4° La ligne carrée ;

La toise carrée est un carré qui a une toise, c'est-à-dire deux mètres sur chaque côté ; elle vaut par conséquent 4 mètres carrés ou 400 décimètres carrés. Nous savons que le mètre, unité de longueur, vaut 3 pieds, ce qui donne pour le mètre carré 3 fois 3, ou 9 pieds carrés ; or, puisque la toise carrée contient 4 mètres carrés, elle vaut donc 4 fois 9 pieds carrés ou 36 pieds carrés, en même temps qu'elle vaut 400 décimètres. Ainsi, pour savoir combien un pied carré vaut de décimètres carrés, il faut donc tout simplement diviser 400 par 36 ou 100 par 9.

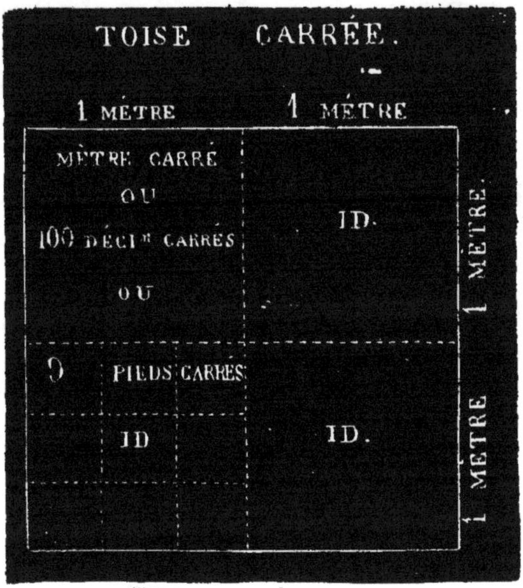

TOISE CARRÉE.
1 MÈTRE 1 MÈTRE
MÈTRE CARRÉ OU 100 DÉCIM CARRÉS OU 9 PIEDS CARRÉS
ID.
ID
ID.
1 MÈTRE
1 MÈTRE

Ce qui donne :

$$\frac{400}{36} = 11 \text{ déc. } 11 \text{ cent., ou } 1111 \text{ centim. carrés.}$$

Maintenant, le pied carré est un carré qui a un pied, c'est-à-dire 12 pouces de côté, et qui vaut par conséquent $12 \times 12 = 144$ pouces carrés.

Si l'on veut savoir combien le pouce carré contient de centimètres carrés, on n'a qu'à diviser 1111 centimètres carrés du pied carré, par les 144 pouces carrés qu'il renferme aussi, et l'on a :

$$\frac{1111}{144} = 7 \text{ centim. carrés } 70 \text{ mill.}$$

On trouve également que le pouce carré vaut 144 lignes carrées ; mais comme nous venons de voir qu'il vaut en même temps 7 cent. 70 mill. ou 770 millimètres carrés, il ne s'agit que de diviser 770 par 144 pour savoir combien une ligne carrée vaut de millimètres carrés.

Ainsi, en résumant ce qui vient d'être dit, on a :

$$\frac{770}{144} = 5 \text{ millimètres carrés.}$$

| | |
|---|---|
| 1° Pour la toise carrée......... (mètres carrés). | 4 |
| 2° Pour le pied carré............................ | 0.11.11 |
| 3° Pour le pouce carré.......................... | 0.00.07 |
| 4° Pour la ligne carrée.......................... | 0.00.00.05 |

Supposons maintenant un mémoire d'ouvrier contenant 3 toises 4 pieds 9 pouces carrés d'un ouvrage qui doit lui être payé 6 fr. 75 le mètre ; combien devra-t-il recevoir ?

Voici comment son compte sera réglé :

| | |
|---|---|
| 1° 3 toises carrées valent 3 fois 4 mètres carrés =.. | 12.00.00 |
| 2° 4 pieds carrés valent 4 fois 11,11 =............ | 0.44.44 |
| 3° 9 pouces carrés valent 9 fois 7 centimètres =.... | 0.00,63 |
| Total......... | 12.45.07 |

Multipliant ce total par 6 fr. 75, prix du mètre carré, on a pour produit ce qu'il faut donner à l'ouvrier :

12,45.07 × 6 fr. 75 = 84 fr. 04.

## ANCIENNES MESURES AGRAIRES.

Les anciennes mesures agraires les plus usitées étaient la perche et l'arpent.

La perche est une unité agraire représentée par un carré qui a sur chaque côté :

18 pieds,
ou 20 id.
ou 22 id.

Cette dernière mesure servait pour les eaux et forêts.

Un arpent est la valeur de 100 perches ; comme il y a trois sortes de perches, il y nécessairement aussi trois sortes d'arpents.

1° Arpent à la perche de 18 pieds ;
2° Arpent à la perche de 20 pieds ;
3° Arpent à la perche de 22 pieds.

Celui qui a toujours été le plus usité dans l'Orléanais est l'arpent à la perche de 20 pieds, dont la valeur en mesure légale est de 0 hect. 42 ares 21 cent.

Maintenant, puisque 100 perches valent 42 ares 21 cent., une seule perche vaut cent fois moins, c'est-à-dire 0 hect. 0 are 42 cent., en reculant la virgule de deux rangs vers la gauche.

D'après cela, un dixième de perche vaudra dix fois moins que 42 cent. ou 4 cent. 2.

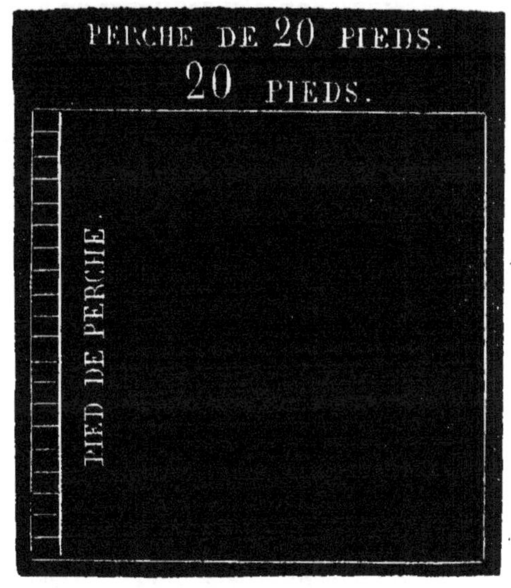


On admet encore une division de la perche appelée *pied de perche,* qui vaut le 20me de la perche de 20 pieds, ou le 18me de celle de 18, ou enfin le 22me de celle de 22. Représentons ce *pied de perche* dans la perche de 20 pieds qui nous occupe, par une longueur de 20 pieds sur un pied de large, et voyons comment on le convertit en centiares. Puisque le dixième de la perche vaut 4 cent. 2, le 20me en vaudra la moitié, ou 2 cent. 1, résultat qu'on obtient en prenant directement le 20me des 42 centiares contenus dans la perche.

**Résumé contenant la valeur de l'arpent, de la perche et des fractions de perche, en hectares, ares et centiares.**

| | | | | |
|---|---|---|---|---|
| 1° L'arpent, perche de 20 pieds, vaut. . | 0 h. | 42 ar. | 21 c. | |
| 2° La perche. . . . id. . . . . . id. . . | 0 | 00 | 42 | 21 |
| 3° Le 10me de la perche. . . . . id. . . | 0 | 00 | 04 | 2 |
| 4° Le pied de perche ou le 20me. id. . . | 0 | 00 | 02 | 1 |

Supposons maintenant qu'on ait à convertir en mesures légales 3 arpents 7 perches 11 pieds.

On aura :

| | | | |
|---|---|---|---|
| 1° 3 arpents valent 3 × 42 ares 21....... | 1 h. | 26 ar. | 63 c. |
| 2° 7 perches valent 7 × 42 cent. 21...... | 0 | 02 | 95 |
| 3° 11 pieds valent 11 × 2 cent. 1........ | 0 | 00 | 23 |
| Total....... | 1 h. | 29 ar. | 81 c. |

L'arpent des eaux et forêts vaut 0 h. 51 ar. 07 c.

L'arpent de Paris (perche de 18 pieds) vaut 0 h. 34 ares 19 c.

Pour chacune de ces unités, on répéterait exactement les mêmes raisonnements qui viennent d'être faits pour l'arpent commun.

### Hectares, ares et centiares en arpents, perches et fractions de perche.

Un hectare vaut 2 arpents 36 perches 9 ou 236 perches 9 (20 pieds).

Un are vaut cent fois moins, ou 2 perches 36.

Un centiare vaut cent fois moins que l'are, 0 perche 0236.

Un vigneron achète à raison de 35 fr. la perche un terrain qui contient 78 ares 45 centiares; combien doit-il payer?

On a :

| | | | |
|---|---|---|---|
| 78 ares valent 78 × 2 perches 36 = | 1 arpent | 84 perches | 08 c. |
| 45 cent. valent 45 × 0 perche 0236 = | 0 | 01 | 06 |
| Total...... | 1 arpent | 85 perches | 14 c. |

Mulpliant 185 perches 14 par 35 fr., prix d'une perche, on trouve 6,479 fr. 90 c.

185 perches 14 × 35 f. = 6,479 fr. 90 c., prix du terrain.

1 hectare vaut 2 arpents 92 perches 5, perche de 18 pieds.

1 hectare vaut 1 arpent 95 perches 7, perche de 22 pieds.

On en déduirait la valeur de l'are et du centiare aussi facilement que nous venons de le faire pour l'arpent à la perche de 20 pieds.

Quant à la conversion d'un certain nombre d'hectares, ares et centiares, en arpents et en perches, elle se ferait exactement de la même manière que dans l'exemple précédent.

### DES MESURES TOPOGRAPHIQUES.

Les mesures destinées à évaluer la surface d'un État, d'une province, d'un département, sont appelées *mesures topographigues ;* ce sont le kilomètre et le myriamètre carrés, qui sont entre eux dans le même rapport que les mesures agraires. Ainsi, 100 hectares font un kilomètre carré; 100 kilomètres carrés ou 10,000 hectares font un myramètre carré.

L'ancienne mesure topographique était la lieue carrée. S'il s'agit de la lieue carrée de 4 kilomètres de côté, on conçoit tout de suite qu'elle vaut 16 kilomètres carrés; mais si l'on a en vue l'ancienne lieue carrée de 5 kilomètres de côté, cette dernière contient alors 25 kilomètres carrés, et elle est exactement le quart du myriamètre carré.

En résumé :

Le myriamètre carré vaut 100 kilomètres carrés.
— — 4 lieues carrées de 5 kilom. de côté.
— — 6,25 lieues carrées de 4 kilom. de côté.

D'après ce qui vient d'être dit, on voit que la conversion des lieues carrées en kilomètres et en myriamètres carrés, et réciproquement, n'offre pas la moindre difficulté.

---

# CHAPITRE QUATRIÈME

## UNITÉ DE MESURE POUR LES SOLIDES.

### Mètre cube.

On appelle *volume* ou *solide* tout ce qui a trois dimensions : *longueur, largeur* et *épaisseur*.

L'unité de volume est un solide appelé *cube,* compris entre six faces carrées, parallèles deux à deux, ce qui lui donne la forme d'un dé à jouer. Les trois lignes appelées arêtes, qui partent d'un même sommet, sont à angles droits l'une sur l'autre, et de plus, de même longueur ; elles représentent les trois dimensions du cube.

Le nom d'un cube dépend de la longueur de ses côtés ; ainsi l'on dit un *mètre cube* pour désigner un cube qui a un mètre de côté ; dans ce cas, les six faces égales sont des mètres carrés ; le cube qui a un décimètre de côté se nomme *décimètre cube ;* alors ses faces sont des décimètres carrés ; enfin on appelle *centimètre cube* le cube qui a un centimètre de côté ; dans ce dernier cas, les six faces sont des centimètres carrés.

**Subdivision du mètre cube et manière de les écrire.**

L'unité de mesure pour les volumes est le *mètre cube*. On l'indique de la sorte $m^3$, le chiffre 3 rappelant que les trois dimensions du solide sont égales. Il vaut mille décimètres cubes, comme il est facile de le comprendre en jetant les yeux sur la figure suivante, que nous supposons être un mètre cube.

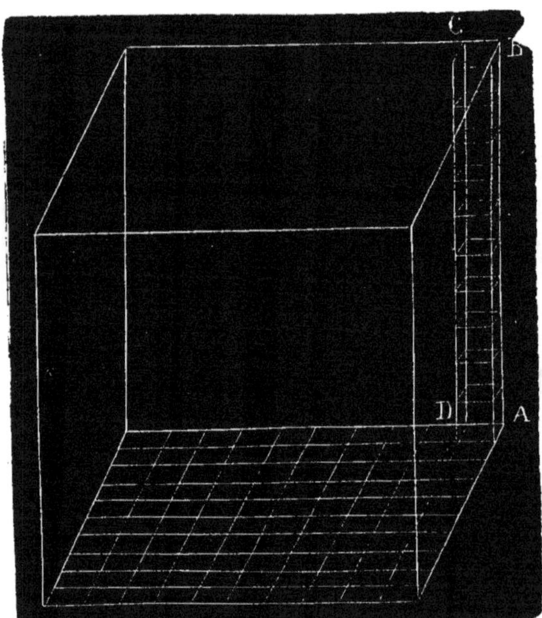


La surface inférieure étant divisée en cent décimètres carrés, sur l'un de ces carrés on construit un cube qui vaut par conséquent le décimètre cube. Mais sur la hauteur AB, qui est de 10 décimètres, on peut en construire 10 pareils. Or, si l'on en fait autant sur chacun des décimètres carrés de la base, il y aura donc en tout cent colonnes pareilles à ABCD, ce qui donne 100 fois 10 ou mille décimètres cubes pour la valeur du mètre cube. On démontrerait de la même manière que le décimètre cube vaut mille centimètres cubes, et le centimètre cube mille millimètres cubes ; enfin, qu'il faudrait mille mètres cubes pour faire un cube qui aurait dix mètres de côté.

Comme on le voit, les mesures de solidité croissent et décroissent par 1000 ; on ne les confondra donc point avec les mesures de surface, qui croissent et décroissent par 100 ; encore moins avec les mesures de longueur, qui croissent et décroissent par 10.

Nous venons de voir que le mètre cube vaut mille décimètres cubes, dont le dixième est de 100 décimètres cubes ; on commettrait donc une grave erreur si l'on prenait le *dixième de mètre cube* pour le *décimètre cube,* ce dernier étant cent fois plus petit que le premier.

*Cuber un corps,* c'est chercher combien de fois il contient une unité cubique, soit le mètre cube, soit le décimètre cube, soit enfin le centimètre cube, en ayant soin de toujours choisir une unité proportionnée à la grosseur que l'on veut mesurer.

Pour cuber, on ne se sert point en réalité d'un cube ; on y arrive par le calcul au moyen de deux multiplications, en multipliant d'abord la longueur par la largeur, et ensuite le produit par la hauteur ou l'épaisseur ; mais il faut pour cela que le corps soit *rectangulaire,* c'est-à-dire que toutes ses faces soient des carrés ou des rectangles ; tels sont les volumes que nous rencontrons le plus fréquemment : une pièce de bois équarrie, une pile de bois de chauffage, un tas de moellons disposé pour le cubage, un mur, les portes de nos appartements, l'intérieur d'une chambre, etc.

Il ne faut pas oublier, dans les calculs, que le décimètre cube est la millième partie du mètre cube, et qu'il doit par conséquent occuper, dans les nombres écrits, la colonne des millièmes, c'est-à-dire le 3e rang après les unités de mètre cube ; pour la même raison, les centimètres cubes tiendront le 3e rang à la droite des décimètres cubes, et enfin les millimètres cubes, le 3e rang à droite des centimètres cubes.

Ainsi, le nombre suivant : $10^{m^3},450.367.8$ doit être énoncé de la sorte :

*10 mètres cubes, 450 décimètres cubes, 367 centimètres cubes.*

Le septième chiffre peut être négligé si l'on n'a pas besoin d'une exactitude rigoureuse ; dans le cas contraire, on écrirait à sa droite deux zéros pour compléter la tranche de trois chiffres, et l'on dirait 800 *millimètres cubes.*

Soit à écrire le nombre suivant : 2 mètres cubes, 25 décimètres cubes, 8 centimètres cubes ; on aura, d'après l'explication donnée plus haut :

$$2^{m^3},025.008$$

Nous allons examiner maintenant les cas les plus usuels où la mesure des volumes doit être mise en pratique ; mais, avant tout, il est utile de rappeler, sur les principaux solides que l'on peut avoir à cuber, les éléments qu'on a déjà vus en dessin linéaire ; il suffira alors d'en dire quelques mots, en indiquant la manière d'opérer sur chaque volume en particulier.

---

## NOTIONS ÉLÉMENTAIRES SUR LES PRINCIPAUX SOLIDES ET LES DIVERSES APPLICATIONS QUI S'Y RATTACHENT

---

### Des Prismes.

On donne en général le nom de *prisme* à tout solide formé par deux polygones égaux et parallèles qui servent, l'un de base supérieure, l'autre de base inférieure, et par des parallélogrammes qui s'appliquent sur les côtés des deux bases et forment les faces latérales du prisme.

Les lignes suivant lesquelles se rencontrent les faces d'un prisme s'appellent *arêtes*. Le prisme prend le nom du polygone qui lui sert de base.

On appelle plus particulièrement parallélipipède le prisme dont toutes les faces sont des parallélogrammes : soit *carrés*, soit *rectangles*, ou *losanges*, ou *parallélogrammes obliques*.

NOTA. Il est indispensable de montrer ces diverses figures aux élèves ; si l'on ne pouvait se procurer une collection de solides en bois ou en carton, il faudrait en fabriquer soi-même quelques-uns, ne fût-ce que pour le moment de la leçon, avec de la terre grasse ou quelques grosses racines.

Lorsque toutes les faces sont des carrés ou des rectangles, le parallélipipède est rectangle. Si la base est un carré et la

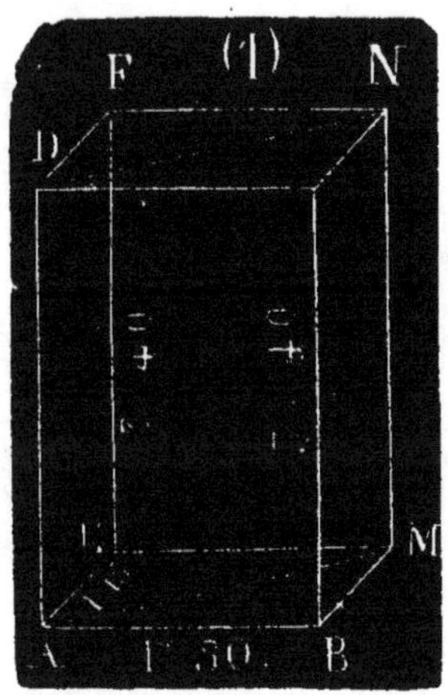


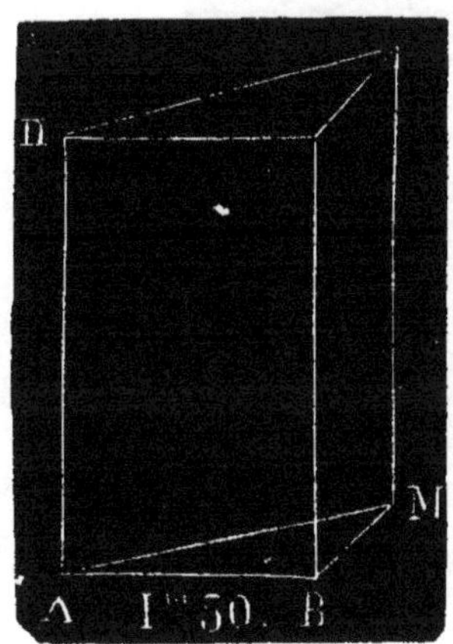


hauteur égale au côté de ce carré, le parallélipipède rectangle est alors un cube.

Cela posé, prenons pour exemple le parallélipipède rectangle, figure 1, dont les trois dimensions sont données, savoir :

$$AB = 1^m,50. \ AE = 1^m,15. \ EF = 3^m,40.$$

On aura pour le cube :

$$1,50 \times 1,15 \times 3,40 = 5^m865,$$

c'est-à-dire la surface de la base AEMB multipliée par la hauteur EF.

Maintenant, si l'on coupe ce parallélipipède suivant les deux diagonales AM DN, il se trouvera ainsi décomposé en deux prismes triangulaires égaux, dont l'un est égal à la surface du triangle ABM, moitié de la base du parallépipède, multipliée par la hauteur commune EF. On voit donc par là que, pour cuber un prisme triangulaire, il faut chercher la surface de sa base et la multiplier par la hauteur. Lorsqu'on sait mesurer un prisme triangulaire, on sait nécessairement cuber tous les prismes possibles dont les bases sont parallèles, car ils peuvent tous se décomposer en un certain nombre de prismes triangulaires, comme dans la figure 2. Alors on calcule séparément la surface de chaque triangle contenu dans la base ; on fait le total de ces sur-

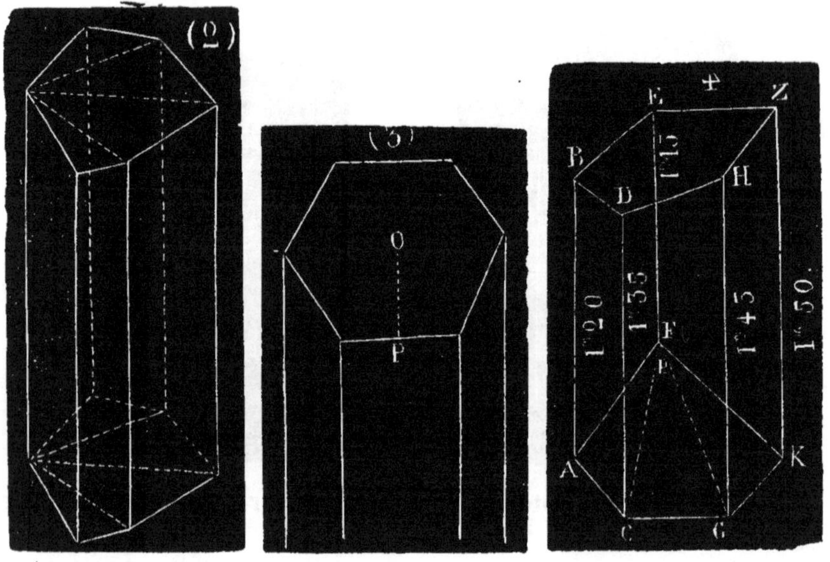


faces partielles, ce qui donne la superficie de la base entière, que l'on multiplie ensuite par la hauteur du prisme. Si le polygone qui sert de base est régulier, comme dans la figure 3, on calcule d'un seul coup la surface de la base en multipliant le contour par la moitié de l'apothême OP.

On dit que le prisme est *tronqué* chaque fois que les deux bases ne sont point parallèles, figure 4. Dans ce cas, on le cube en faisant le total des longueurs des arêtes latérales que l'on divise par le nombre de ces mêmes côtés, pour avoir la hauteur moyenne, que l'on multiplie ensuite par la surface de la base.

$$1,20 + 1,35 + 1,15 + 1,45 + 1,50 = 6,65.$$

$\frac{6,65}{5} = 1,33$, hauteur moyenne à multiplier par la surface de la base ACGKF.

Cette manière de cuber le prisme tronqué, exacte pour le prisme triangulaire et le parallélipipède, n'est qu'approximative pour un prisme quelconque.

Voyons maintenant les différents cas de pratique où l'on peut avoir à cuber un prisme.

1° *Un mur* a 90 mètres de long, $2^m,75$ de hauteur et $0^m,45$ d'épaisseur ; combien doit-il être payé à raison de 12 fr. le mètre cube ?

Ce mur n'est pas autre chose qu'un parallélipipède rectangulaire que l'on cubera en faisant le produit des trois dimensions.

$90 \times 2,75 \times 0\ 45 = 111^{m^3},375^{déci^3}$.
$111,375 \times 12^f = 1336^f50$, prix du mur.

2° Combien pourra-t-on faire tenir de caisses de $1^m,25$ de long sur 0,75 de large et 0,50 de hauteur dans un magasin de $7^m$ de long, sur 5 de large et 3 de haut ?

On voit tout de suite que chaque caisse est un parallélipipède dont il faut obtenir le cube en faisant le produit des trois dimensions ; on obtient de la même manière celui du magasin, et il ne reste plus qu'à chercher, au moyen de la division, combien le cube d'une caisse est contenu dans celui du magasin.

$1,25 \times 0,75 \times 0,50 = 0^{m^3},468.750$, cube d'une caisse.
$7 \times 5 \times 3 = 105^{m^3}$, cube du magasin.
$105 : 0,458.750 = 224$ caisses.

3° *Une pièce de bois* a $5^m,60$ de long, et le côté d'équarrissage est de 0,45 ; combien doit-elle être payée à raison de 75 fr. le mètre cube ?

$0,45 \times 0,45 \times 5,60 = 1,134$, cube de la pièce de bois.
$1,134 \times 75^f = 85^f05$, prix de la pièce de bois.

Dans les travaux de terrassement, on peut avoir des déblais ou des remblais qui présentent la forme du prisme triangulaire, comme dans les cas suivants :

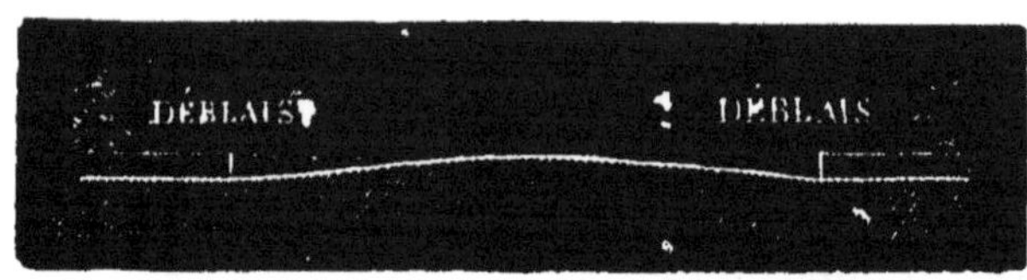


4° Le bord d'une route est un talus en pente qui doit être nivelé suivant le plan CDEF ; dans ce cas, on fait des tranchées de manière à obtenir des prismes triangulaires à peu près réguliers ; ensuite on les calcule séparément.

Soit pour exemple une longueur de 5,40, un côté de triangle 1,50, et la perpendiculaire abaissée du sommet opposé 0,80.

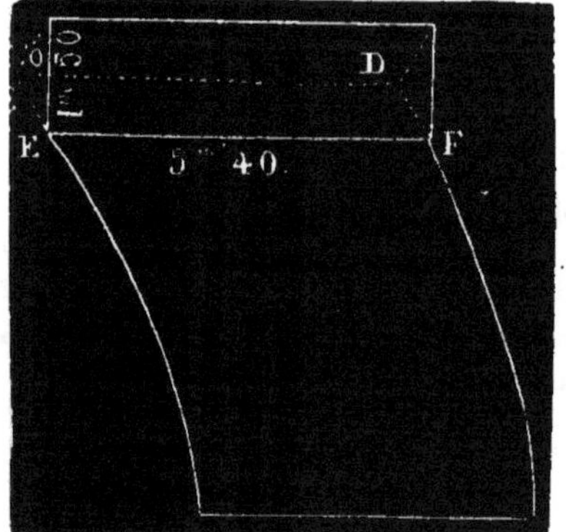


On a :

$$\frac{1,50 \times 0,80}{2} = 0^{m^2},60.$$

$$5,40 \times 0,60 = 3^{m^3},240.$$

5° Les remblais de chemins de fer se composent d'un parallélipipède dont la base est CE et la hauteur CB ; plus, de deux prismes triangulaires le plus souvent égaux, ayant toujours une inclinaison de 45 degrés. Pour en avoir le cube, on suppose les deux prismes appliqués l'un sur l'autre en ABM, de sorte que l'on n'a plus qu'à cuber un parallélipipède dont la base est AE et la hauteur CB. Si les deux côtés étaient inégaux,

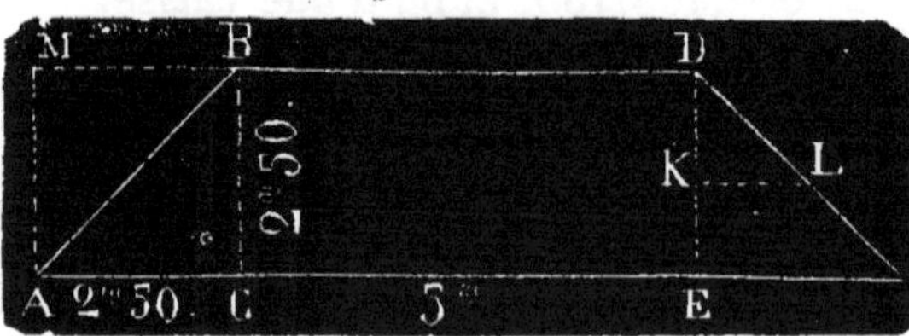


*voyez* DKL, on les calculerait séparément, et l'on ajouterait le produit de chacun au cube du parallélipipède.

Soit un remblai de $2^m,50$ de hauteur, de $5^m$ de base et d'une longueur de $125^m$ : puisque l'inclinaison est de $45^o$, le triangle ABC est rectangle isocèle ; par conséquent, la hauteur BC est égale à la base AC du triangle.

On a donc :

$5 + 2{,}50 = 7^m{,}50$, base du parallépipède à cuber.
$7{,}50 \times 2{,}50 \times 125 = 2343{,}750$ cube du remblai.

6° Le sable et les cailloux destinés à l'entretien des routes sont toujours disposés suivant la figure ABCD, base inférieure, EFGH, base supérieure. Dans ce cas, rien de plus facile que d'en obtenir le cube, en se reportant au moyen donné plus haut pour cuber un prisme tronqué.

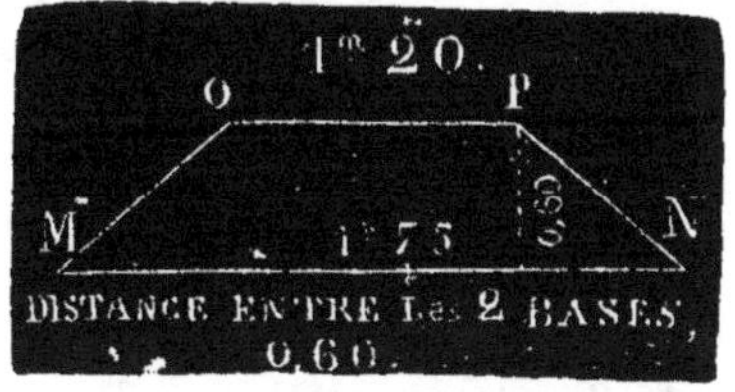


En supposant une section RS, perpendiculaire aux côtés, il est facile de comprendre qu'on obtient un trapèze MNOP dont le plus grand côté est 1,75, le plus petit 1,20, et la hauteur 0,60, distance entre les deux bases. Ce trapèze sert de base commune à deux prismes tronqués, s'étendant de la section RS aux deux extrémités de la figure ; il ne s'agit donc plus que de calculer la surface du trapèze MNOP, et de la multiplier par la moyenne des arêtes des deux prismes réunies, AB, CD, EF, GH, c'est-à-dire des quatre arêtes les plus longues de la figure, ce qui donne :

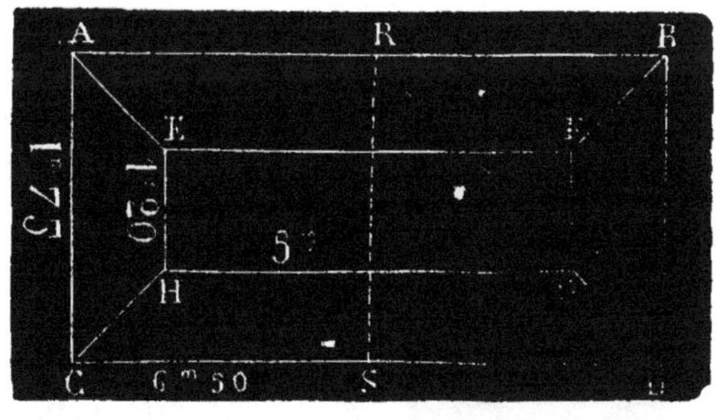


$$\frac{1{,}20 + 1{,}75}{2} \times 0{,}60 = 0^{m^2}{,}8850, \text{ surface du trapèze.}$$

$$\frac{6,50 \times 2 + 5 \times 2}{4} = 5,75, \text{ longueur moyenne.}$$

$5,75 \times 0^{m^2},8850 = 5^{m^3},008$, cube du volume.

7° S'il s'agit d'obtenir le cube d'un fossé, il faut voir si les deux extrémités sont *inclinées* ou *perpendiculaires sur le fond.* Si elles sont inclinées, c'est exactement la même figure que la précédente, mais renversée ; si elles sont perpendiculaires, c'est un prisme ordinaire que l'on cube par le moyen le plus simple : *la surface d'un bout multipliée par la longueur.*

Quant aux faces des différents prismes, elles sont toujours représentées par quelques-unes des figures que nous avons vues au chapitre *des surfaces.* Il suffira donc, pour les évaluer, de se reporter à la mesure des triangles, des parallélogrammes et des trapèzes.

### Des Cylindres.

On appelle cylindre un corps rond formé par deux cercles égaux et parallèles qui servent de bases, et par un rectangle qui s'enroule autour de ces deux cercles. La meilleure manière d'en donner une idée exacte, c'est de prendre une feuille de papier, de la rouler sur elle-même et de la dérouler successivement. On mesurera donc la surface d'un cylindre comme celle d'un rectangle, en multipliant la longueur par le contour. Puis on ajoutera la surface des deux cercles qui servent de bases.

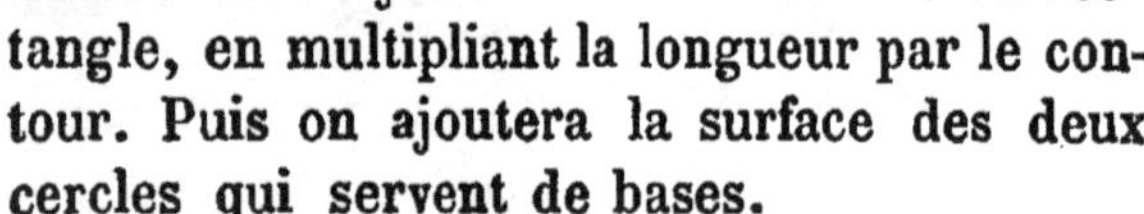

Nous avons vu, en parlant de la mesure du cercle, que c'est un polygone régulier d'un nombre infini de côtés ; par conséquent, le cylindre qui a pour base deux cercles peut être considéré comme un prisme régulier d'un nombre infini de côtés. On cubera donc un cylindre comme un prisme, *en multipliant la surface de sa base par la hauteur*, comme dans cet exemple :

Quel est le volume d'un cylindre dont le contour est de 1m,75, et la hauteur 2m,50 ?

$\frac{1^m,75}{3,1416} = 0^m,557$ pour le diamètre.

$\frac{0,557}{4}$ $0^m,139$ pour la moitié du rayon.

$0,139 \times 1,75 = 0^{m^2},2432$, surface de la base.

$0,2432 \times 2,50 = 0^{m^3}608$, volume du cylindre.

Rayon du cercle extérieur.

Rayon du cercle intérieur.

Si l'on avait à chercher le volume d'un tuyau de conduite, il faudrait calculer d'abord la surface de la couronne circulaire, que l'on multiplierait ensuite par la hauteur du tuyau.

Le solide qui a pour base une ellipse doit être aussi considéré comme un prisme ; on le mesurera donc de la même manière, en multipliant la surface de la base par la hauteur, comme dans l'exemple suivant :

Quelle est la contenance d'un bassin à forme elliptique ayant dans sa plus grande longueur 2m,25, et dans sa plus grande largeur 1m,50, la profondeur étant de 1m,75 ?

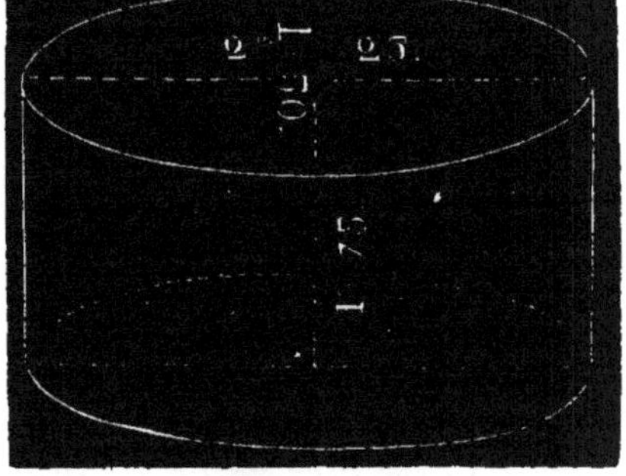

On a, en se reportant à la mesure de l'ellipse :

$\frac{2,25}{2} \times \frac{1,50}{2} = 0,84$, produit des deux 1/2 axes.

0,84 × 3,1416 = 2$^{m2}$,63, surface de l'ellipse.
2,63 × 1,75 = 4$^{m3}$,602.500, contenance du bassin.

Examinons maintenant les différents cas qui peuvent se présenter dans la pratique, pour le cubage des cylindres.

## PROBLÈMES.

1° Un puits de 15 mètres de profondeur et de 3,50 de contour a été creusé à raison de 1 fr. 25 le mètre cube ; combien est-il dû à l'ouvrier ?

On voit que ce puits n'est pas autre chose qu'un cylindre ; il faut donc se reporter à la mesure de ce solide, ce qui donne :

1° $\frac{3,50}{3,1416}$ = 1$^{m}$,114, diamètre du puits.

2° $\frac{1,114}{4}$ = 0$^{m}$,278, $\frac{1}{4}$ du diamètre ou $\frac{1}{2}$ du rayon.

3° 3,50 × 0,278 = 0$^{m2}$,97,30, surface de l'ouverture.

4° 0,97,30 × 15$^{m}$ = 14$^{m3}$,595, cube du puits

5° 14,595 × 1 fr. 25 = 18 fr. 24, ce qui revient à l'ouvrier.

2° Quelle est la contenance d'un bassin circulaire dont le diamètre est de 2$^{m}$,80 et la profondeur 1$^{m}$,75 ?

1° 2$^{m}$80 × 3,1416 = 8,80, contour du bassin.

2° 8,80 × 0,70, $\frac{1}{4}$ du diamètre = 6$^{m2}$,16, surface du fond.

3° 6$^{m2}$,16 × 1,75 = 10$^{m3}$,780, contenance du bassin.

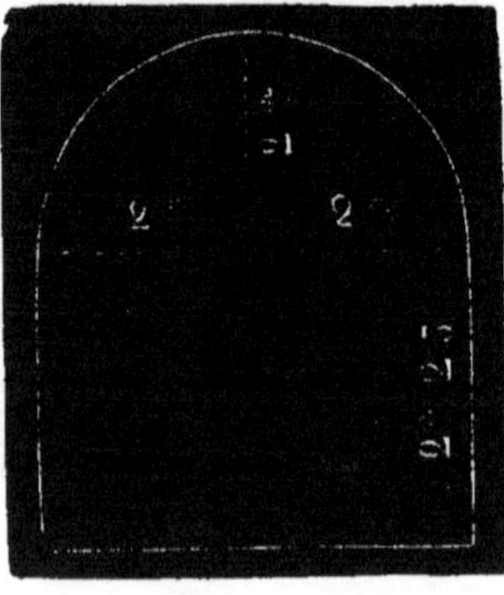

3° Combien faut-il payer pour la fouille d'une cave voûtée de 15 mètres de long, 4 mètres de large, et dont la hauteur des murs est de 2$^{m}$,25 jusqu'à la naissance de la voûte, à raison de 0 fr. 80 le mètre cube ?

Il faut considérer deux cas :

Si le cintre de la voûte est une demi-circonférence, on fait le cube d'un cylindre qui a 15 mètres de long et 4 mètres de diamètre, puis on prend la moitié du résultat, auquel on ajoute le cube du parallélipipède qui a également 15 mètres de long, 4 mètres de large et $2^m,25$ de hauteur, ce qui donne lieu aux calculs suivants :

$4 \times 3,1416 = 12,56$, contour de la circonférence.

$12,56 \times 1$ ($\frac{1}{4}$ du diamètre) $= 12^{m^2},56$, surface du cercle.

$12^{m^2},56 \times 15 = 188^{m^3},400$ dont la moitié est de 94,200 pour le cube de la partie cintrée.

$15 \times 4 \times 2,25 = 135^{m^3}$, cube du parallélipipède.

$135 + 94,200 = 228^{m^3},200$, cube de la cave entière.

$228^{m^3},200 \times 0$ fr. 80 $= 183$ fr. 36, somme qui revient à l'ouvrier.

Si la voûte est surbaissée en forme d'une moitié d'ellipse, on fait le cube d'un solide qui aurait pour base l'ellipse entière ; on prend la moitié du résultat, auquel on ajoute, comme dans le premier cas, le cube du parallélipipède.

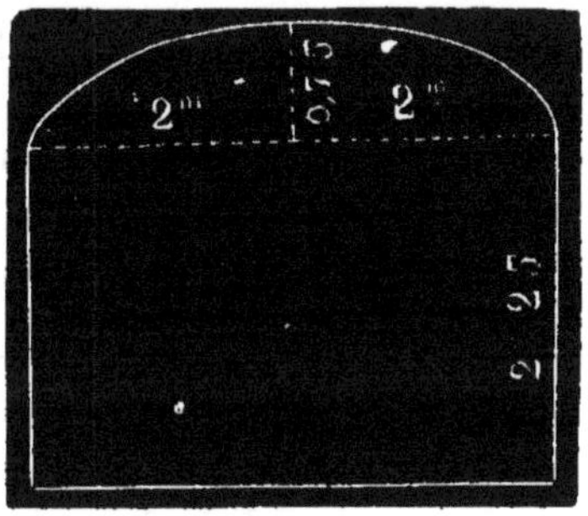

Supposons, par exemple, que la hauteur de la voûte soit de $0^m,75$ ; on aura :

$2^m$, moitié du grand axe.

0,75, moitié du petit axe.

$2 \times 0,75 \times 3,1416 = 4^{m^2},71$, surface de l'ellipse.

$\frac{4^{m^2},71}{2} \times 15 = 35,325$, cube de la partie cintrée.

$35,325 + 135 = 170^{m^3},325$, cube de la cave entière.

4° Quelle est la profondeur d'un bassin cylindrique contenant 3500 décimètres cubes, et dont le contour est de 7 mètres ?

Pusqu'on obtient le cube du cylindre en multipliant la surface de la base par la hauteur, on voit donc qu'il s'agit tout simplement de diviser le cube donné, 3500 décimètres, par la surface de la base, facteur que nous allons trouver, ce qui donnera pour quotient l'autre facteur, la hauteur demandée.

$$\frac{7}{3{,}1416} = 2{,}22, \text{ diamètre du bassin.}$$

$$\frac{2{,}22}{4} = 0{,}555, \tfrac{1}{4} \text{ du diamètre ou } \tfrac{1}{2} \text{ rayon.}$$

$$0{,}555 \times 7 = 3^{m^2}{,}885, \text{ surface de l'ouverture.}$$

$$\frac{3{,}500}{3^{m^2}{,}885} = 0^{m}{,}90, \text{ profondeur du bassin.}$$

5° Quelle est l'ouverture d'un bassin cylindrique qui contient 1875 décimètres cubes, et dont la profondeur est de 1m,45?

On comprend tout de suite que cette question est l'inverse de la précédente, puisqu'il s'agit de trouver l'ouverture donnée dans la première.

Il faut donc diviser le cube 1875 par le facteur connu, la profondeur, et le quotient est la surface de l'ouverture.

$$\frac{1875}{1{,}45} = 129^{\text{décim.}^2}{,}31^{\text{cent.}^2}, \text{ surface de l'ouverture.}$$

Pour faire cette opération, il faut considérer que le dividende exprime des décimètres cubes, et qu'il faut par conséquent les diviser par des décimètres linéaires pour avoir au quotient des décimètres carrés.

L'opération doit donc être disposée de la sorte :

$$1875 \;\Big|\; \underline{14^{\text{décim.}}{,}5}$$

Rappelons-nous maintenant le dernier procédé indiqué pour la mesure du cercle (multiplier le carré du rayon par 3,1416), et divisons la surface trouvée 129,31 par le facteur connu 3,1416, ce qui donne pour quotient l'autre facteur, le carré du rayon.

$$\frac{1^{m^2}{,}2931}{3{,}1416} = 0{,}4116, \text{ carré du rayon.}$$

Extrayant la racine carrée, on a :

$\sqrt{0,4116} = 0^m,6415$, rayon de l'ouverture du bassin.

On vérifie cette opération d'une manière bien simple, en calculant si un bassin de $0^m,6415$ de rayon ayant une profondeur de $1^m,45$ donne bien 1875 décimètres cubes.

6° Un bassin a 4 mètres de contour et contient 1425 litres ; on veut en construire un autre qui ait une ouverture moitié moins grande et qui contienne autant ; de combien faut-il augmenter la profondeur ?

On a :

$\frac{4}{3,1416} = 1,272$, diamètre dont le $\frac{1}{4}$ est 0,318.

$0,318 \times 4 = 1^{m^2},272$, surface de l'ouverture.

$\frac{1425^{\text{déci.}^3}}{127^2,2} = 11^{\text{décimètres linéaires}},20$ ou $1^m,12$, profondeur du bassin avec la première ouverture.

$\frac{1^{m^2},272}{2} = 0^m,636$, seconde ouverture, moitié plus petite.

$\frac{1425}{63,6} = 2^m,24$, profondeur du deuxième bassin, double de l première.

7° Un bassin circulaire a une profondeur de $1^m80$ et contient 1600 décimètres cubes ; on veut qu'il ait une ouverture 3 fois plus grande : quel sera le rayon de cette dernière, et de combien la profondeur sera-t-elle diminuée ?

On a :

$\frac{1600^{\text{déci}3}}{18 \text{ décimètres linéaires}} = 88^{\text{déci}2}88$ ; $3 \times 88.88 = 2^{m^2}66.64$, ouverture 3 fois plus grande.

Rappelons encore ici que la surface d'un cercle est égale au carré du rayon multiplié par 3,1416 ; par conséquent, la surface 2,66.64, étant divisée par le facteur connu 3,1416, donnera le carré du rayon :

$$\frac{2,66,64}{3,1416} = 0,8487, \text{ carré du rayon ;}$$

$\sqrt{0,8487} = 0,92$, rayon de l'ouverture 3 fois plus grande.

Maintenant, pour avoir la profondeur,

On a :

$$\frac{1600}{266^{\text{déci}^2}64} = 0,6, \text{ précisément le } \tfrac{1}{3} \text{ de la } 1^{re} \text{ profondeur.}$$

On peut vérifier cette opération en calculant si un bassin de 0,92 de rayon et de 0,6 de profondeur donne bien 1600 décimètres cubes.

8° Construire un vase cylindrique d'une capacité de 50 litres, la hauteur étant les $\frac{2}{3}$ du diamètre ou de deux rayons.

D'après la formule, on a :

$50^l = 3,1416 \times R^2$ (surface du cercle) $\times \frac{2}{3}$ de 2 R (diamètre ou hauteur).

En effectuant les calculs et en changeant l'ordre des facteurs, on a :

$$50^l = \frac{12,5664}{3} \times R^3.$$

En multiplant les deux membres de l'égalité par 3, il vient :

$$150^l = 12,5664 \times R^3.$$

Puis, en divisant le produit par le facteur connu,

On a :

$$R^3 = \frac{150^l}{12,5664}$$

Enfin, effectuant la division et extrayant la racine cubique, on a pour le rayon $0^m228$.

On peut vérifier l'opération en calculant le volume d'un cylindre qui a $0^m456$ de diamètre et pour hauteur les $\frac{2}{3}$ de $0^m456$.

### De la Pyramide et du Cône.

La pyramide est un solide formé par un polygone qui lui sert de base, et par des faces triangulaires qui s'appliquent sur les côtés de ce polygone, et vont toutes aboutir à un même point appelé *sommet*.

On obtiendrait donc la surface de la pyramide, en mesurant séparément chacune de ses faces, dont on ferait ensuite le total.

La hauteur de la pyramide est la perpendiculaire abaissée du sommet sur la base ou sur son prolongement.

On démontre en géométrie que la pyramide est exactement le tiers d'un prisme de même base et de même hauteur; or, pour obtenir le cube d'un prisme, on multiplie la surface de la base par la hauteur; mais puisque la pyramide n'en

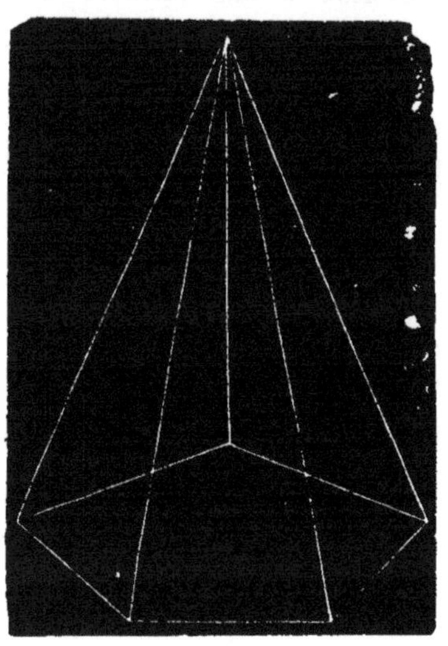

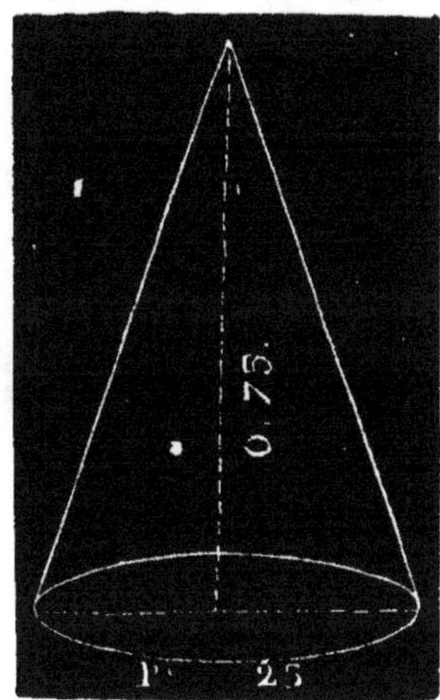


est que le tiers, on la cubera donc en multipliant la surface de sa base par le tiers de la hauteur.

Le cône ayant un cercle pour base, doit être considéré comme une pyramide d'un nombre infini de faces triangulaires. On en obtiendra donc la surface en multipliant le contour de la base par la moitié du côté. On le cubera aussi de la même manière que la pyramide, en multipliant la surface de sa base par le tiers de la hauteur.

Ce principe posé, on demande quel est le volume d'un cône dont la base a $1^{m},25$ de contour, la hauteur étant 0,75.

On a :

$$\frac{1,25}{3,1416} = 0,397, \text{ diamètre de la base.}$$

Le $\frac{1}{4}$ du diamètre $0,099 \times 1,25 = 0^{m^2},12\,37$, surface de la base.

Le $\frac{1}{3}$ de la hauteur $0,25 \times 0,12.37 = 0^{m^3},030,925$, cube du cône.

On appelle *tronc de pyramide*, *tronc de cône*, une pyramide et un cône coupés par un plan parallèle à leurs bases et dont on a enlevé la partie supérieure, ce qui peut faire considérer la surface du tronc de cône comme formée d'une infinité de trapèzes dont les deux côtés parallèles sont sur les circonférences

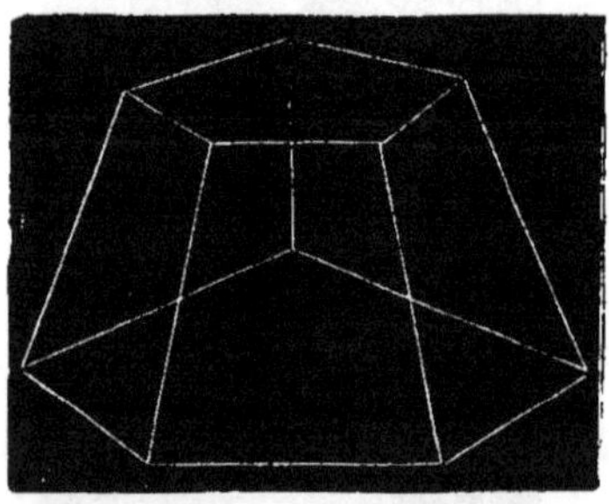

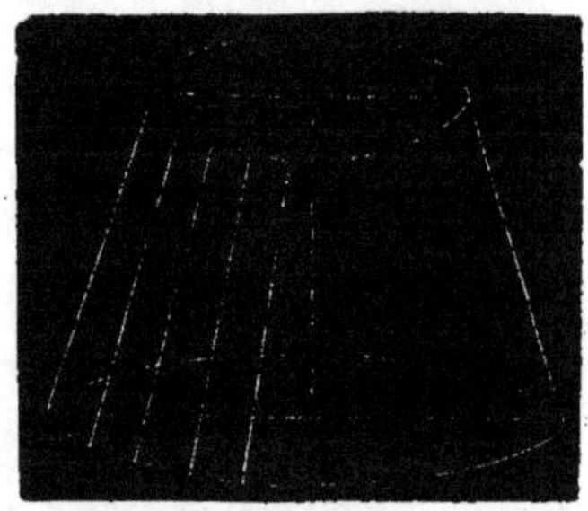

des deux bases, la hauteur commune étant le côté, de sorte que si l'on avait à en calculer la surface, il faudrait ajouter les deux circonférences, et prendre la moitié du total que l'on multiplierait par le côté.

Il y a un moyen approximatif d'obtenir le cube de ces deux volumes :

On calcule séparément la surface des deux bases parallèles; on les ajoute, puis on en prend la moitié que l'on multiplie par la hauteur du tronc, qui est la *perpendiculaire* menée entre les deux bases.

Mais ce moyen ne donne un résultat assez exact qu'autant qu'il n'y a pas une grande différence entre les deux bases. Si cette différence était par trop sensible, il faudrait recourir au moyen plus rigoureux que voici :

On cherche le volume du cône tout entier, ensuite celui du cône retranché ; on soustrait ce dernier du volume total, et il reste le cube du tronc du cône.

Mais il faut, avant tout, chercher la hauteur de la partie retranchée. On y arrive, pour la pyramide tronquée, en prenant d'abord la différence entre deux côtés parallèles ; on multiplie ensuite la hauteur du tronc par le plus petit des deux côtés, et l'on divise le produit par la différence trouvée.

Mêmes opérations pour le cône tronqué :

On cherehe la différence entre les deux diamètres ; on multiplie la hauteur du tronc par le plus petit diamètre, et l'on divise le produit par la différence.

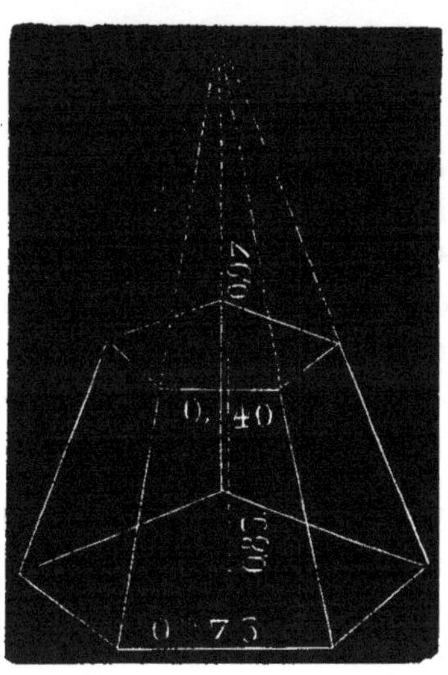

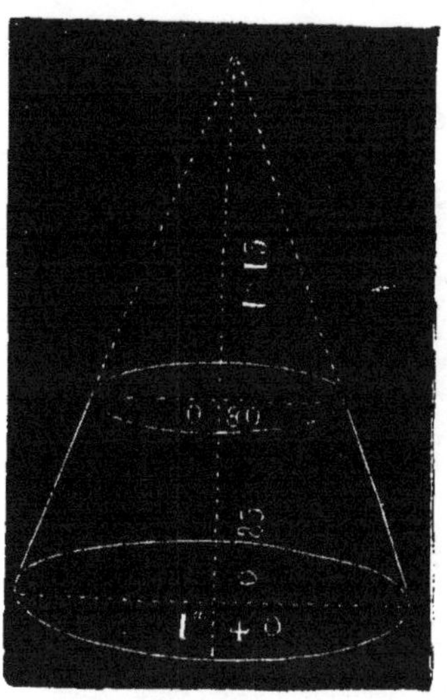

INDICATION DES CALCULS.

1° 0,75 — 0,40 = 0,35, différence des côtés.

2° 0,85 × 0,40 = 0,34, produit.

3° 0,34 : 0,35 = 0,97, quotient indiquant la hauteur de la partie retranchée.

1° 1,40 — 0,80 = 0,60, différence des diamètres.

2° 0,85 × 0,80 = 0,68, produit.

3° 0,68 : 0,60 = 1,13, quotient indiquant la hauteur de la partie retranchée.

Ce mode de calcul peut être remplacé par celui-ci :

1° On calcule séparément les surfaces des deux bases ;
2° On les multiplie l'une par l'autre ;
3° On extrait la racine carrée du produit ;
4° On fait la somme de cette racine carrée et des deux bases ;
5° On multiplie ce total par le $\frac{1}{3}$ de la hauteur du tronc.

Toutes ces opérations sont résumées dans la formule suivante :

$$(B + B' + \sqrt{BB'}) \times \frac{1}{3} H$$

ou plus simplement encore dans celle-ci :

$$\frac{1}{3} \pi H (R^2 + r^2 + Rr)$$

Déterminer la contenance d'une cuve dont la plus grande base a 2m60 de diamètre, et la plus petite 1m80, la longueur des douves étant de 1m56.

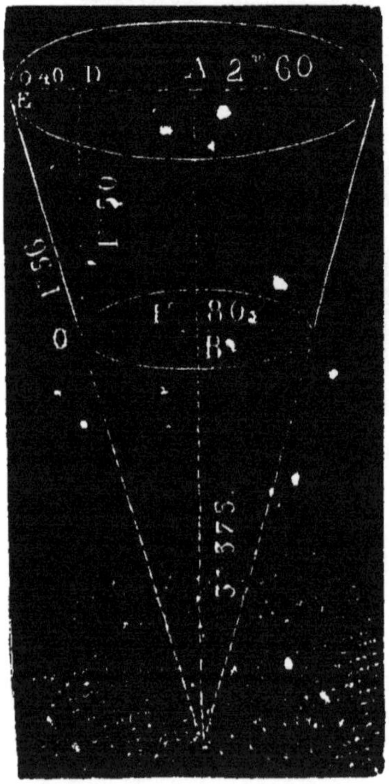

On voit qu'il s'agit ici d'un cône tronqué. Il faut donc chercher d'abord la hauteur de la partie retranchée.

Mais, avant tout, il faut calculer la hauteur AB du tronc de cône, en considérant que cette hauteur = CD dont on peut trouver très-facilement la longueur. En effet, dans le triangle rectangle EDC, ED est égal à la différence des deux rayons CB et AE ou 0,40. Or, pour le carré de l'hypothénuse EC, on a $1{,}56^2 = 2{,}4336$........ 2,4336

Pour le carré du côté ED de l'angle droit, on a $0{,}40^2 =$... 0,16

Différence........ 2,2736

pour le carré CD, ce qui donne $\sqrt{2{,}2736} =$......... 1,50 pour la longueur de CD ou de AB.

En appliquant la formule précédente à la solution du problème, on trouve :

1° 5,31.65, surface du grand cercle $\times$ 2,54, surface du petit cercle $=$ 13,50.39.10.

2° $\sqrt{13,50.39.10} = 3,674$.

3° $3,674 + 5,31.65 + 2,54 = 11,53.05$.

4° $11,53.05 \times \frac{1}{3}\ 1,50 = 5,765$, contenance de la cuve.

Maintenant, en se reportant au 1er moyen donné plus haut, on a :

$$\frac{1.80 \times 1,50}{0,80} = 3,75.$$

On cherche ensuite le cube du cône total, ce qui donne :

$2,60 \times 3,1416 = 8,17$, contour du cercle qui sert de base.

$8,17 \times \frac{2,60}{4} = 5,31,65$, surface du cercle.

$5,31,65 \times \frac{4,875}{3} = 8^{m3}639.312$, cube du cône total.

*Mêmes opérations pour la partie retranchée.*

$1,80 \times 3,1416 = 5,65$, contour du cercle.

$5,65 \times \frac{1,80}{4} = 2,54$, surface du cercle.

$2,54 \times \frac{3,375}{3} = 2^{m2}857.500$, cube de la partie retranchée.

SOUSTRACTION.

$8^{m3}639.312 - 2^{m3}857.500 = 5^{m3}781.812$, contenance de la cuve, au lieu de 5,765 dans le premier cas.

## CUBAGE DES TONNEAUX.

On calcule la contenance d'un tonneau de la manière suivante :

On cherche la différence qui existe entre le diamètre du *bouge* [1] et celui du fond, on prend le tiers ou mieux les $\frac{3}{8}$ de cette différence que l'on retranche du diamètre du bouge ; on obtient ainsi un *diamètre moyen ;* on opère ensuite comme sur

[1] Le bouge est la partie la plus renflée du tonneau.

un cylindre qui aurait ce diamètre moyen, et pour hauteur la longueur intérieure du tonneau.

EXEMPLE :

Quelle est la contenance d'un tonneau dont la longueur intérieure est de $0^m,90$, le contour du bouge $1^m,95$ et le contour du fond $1^m,40$ ?

$\frac{1^m,95}{3,1416} = 0,62$, diamètre du bouge.

$\frac{1^m,40}{3,1416} = 0,44$, diamètre du fond.

$0^m,62 - 0^m,44 = 0,^m18$, différence entre les deux diamètres.

$0^m,62 - \frac{0^m,18}{3} = 0^m,56$, diamètre moyen.

CUBE.

$3,1416 \times 0,56 = 1,76$, contour du cercle.

$1^m,76 \times \frac{0,56}{4}$ ou $0,14 = 0,24.64$, surface du cercle.

$0,24,64 \times 0,90 = 0^{m^3}221.760$, contenance du tonneau.

## De la Sphère.

La sphère ou boule est un solide terminé par une surface courbe dont tous les points sont à égale distance d'un point intérieur appelé *centre;* elle est engendrée par une demi-circonférence tournant autour de son diamètre.

Pour cuber la sphère, il faut d'abord en obtenir la surface en prenant 4 fois la surface d'un *grand cercle,* c'est-à-dire du cercle qui a même centre que la sphère, et dont on prend facilement le contour au moyen d'une ficelle. Dans ce cas, on veille bien à ce que la ficelle n'offre pas de sinuosités ; on répète l'opération dans plusieurs sens, et l'on prend le plus grand contour possible. Ensuite, on multiplie cette surface par le $\frac{1}{3}$ du rayon, en considérant que la sphère est formée d'une quantité infinie de petites pyramides dont les sommets vont tous aboutir au centre, et dont les bases réunies forment la surface de la sphère. Dans ce cas, le rayon est la hauteur commune de toutes les pyramides, et c'est pour cela qu'on en prend le tiers.

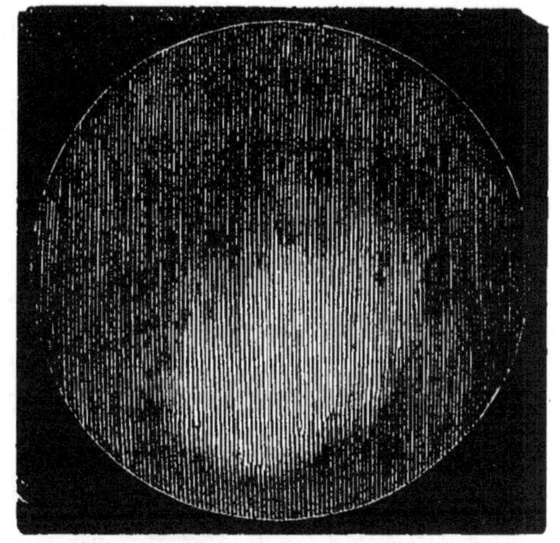

Appliquons cette règle à l'exemple suivant :

Quel est le cube d'une sphère dont le contour est de 1m,75?

J'en cherche d'abord le diamètre en divisant le contour par 3,1416.

$$\frac{1,75}{3,1416} = 0^{m},557, \text{ diamètre.}$$

$$\frac{0,557}{4} = 0,139, \text{ moitié du rayon.}$$

$1,75 \times 0,139, = 0^{m^2},24.32$, surface du grand cercle.

$0,24.32 \times 4 = 0,97.28$, surface de la sphère.

$$0,97,28 \times \frac{0,278}{3} = 0^{m^3},090.146, \text{ cube de la sphère.}$$

On trouve encore le cube d'une sphère au moyen d'une formule facile à retenir, et bien précieuse en ce qu'elle abrége le calcul et qu'elle a de fréquentes applications dans la solution des problèmes relatifs à la sphère.

On prend 4 fois le tiers de $\pi$ ou de 3,1416, c'est-à-dire qu'on y ajoute le $\frac{1}{3}$, ce qui donne le nombre invariable 4,1888 pour les $\frac{4}{3}$ de $\pi$. On multiplie ensuite ce nombre par le cube du rayon, et l'on a ainsi le cube de la sphère que résume cette formule :

$$\frac{4}{3}\pi R^3$$

comme celle-ci résume la surface du cercle : $\pi R^2$.

Appliquons cette formule à la sphère donnée plus haut, et nous trouverons le même volume que par le premier moyen, à très-peu de chose près.

Les $\frac{4}{3}$ de $\pi$ valent 4,1888.
Le cube du rayon $0{,}278 \times 0{,}278 \times 0{,}278 = 0{,}021.485$.
$0{,}021.485 \times 4{,}1888 = 0{,}089.996$, cube de la sphère.

On appelle segment sphérique toute portion de sphère comprise entre deux plans parallèles (*fig.* 1).

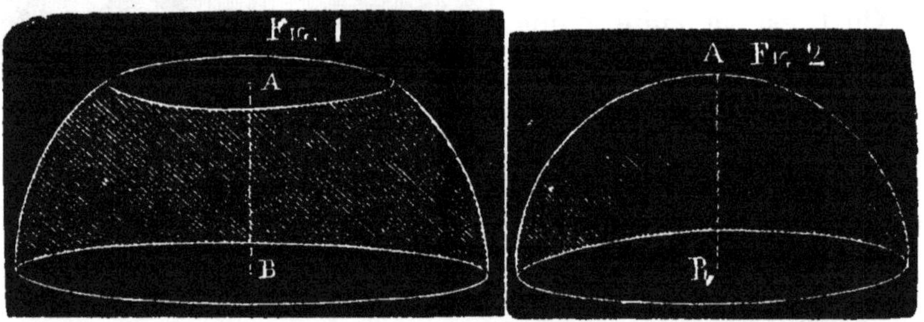


On donne le nom de zone sphérique à la partie de la surface de la sphère comprise entre les deux plans parallèles.

Le segment sphérique peut n'avoir qu'une seule base (*fig.* 2); alors la zone est une surface convexe, qu'on appelle calotte sphérique.

Dans les deux cas, on obtient la surface de la zone sphérique en multipliant la hauteur AB du segment par la circonférence d'un grand cercle, que l'on trouve de la manière suivante :

S'il s'agit de la surface du segment sphérique à deux bases, on prend la longueur du plus grand diamètre, sur le milieu duquel on élève une perpendiculaire égale à la hauteur AB du segment. L'extrémité de cette perpendiculaire MN aboutit au milieu du plus petit diamètre mené parallèlement au premier, ce qui donne la figure ci-jointe que l'on peut tracer sur le papier ou sur le terrain, suivant les dimensions de la zone que l'on veut mesurer.

La question se trouve maintenant réduite à faire passer par trois points donnés, ADC, une circonférence que l'on calcule après avoir mesuré le rayon OB.

S'il s'agit d'obtenir la surface d'une calotte sphérique, on cherche la circonférence d'un grand cercle de la même manière :

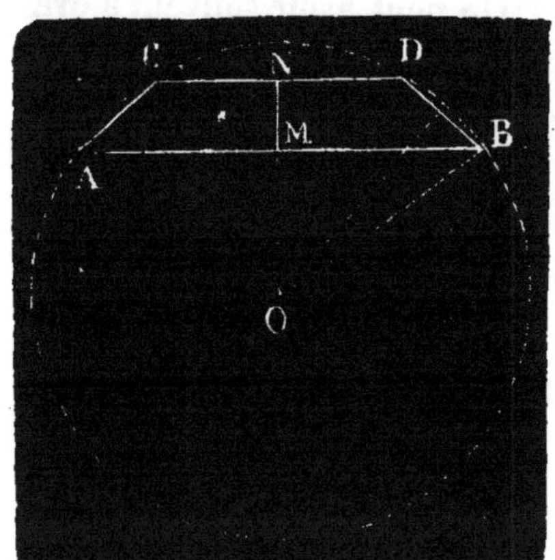


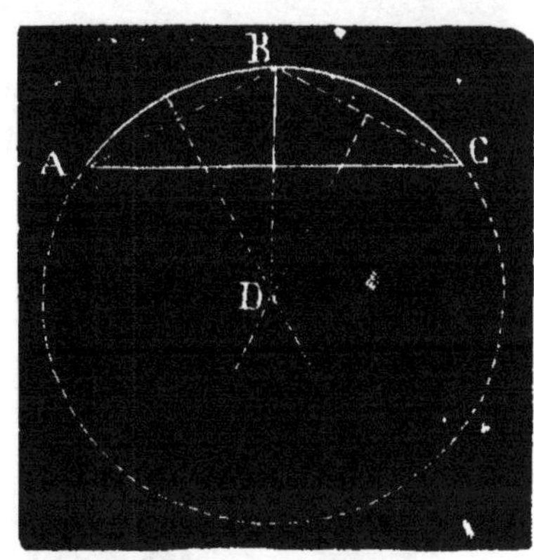


On trace une ligne égale au diamètre de la base, et l'on élève sur le milieu une perpendiculaire BD égale à la hauteur du segment, ce qui donne la figure suivante, dans laquelle on n'a plus qu'à faire passer une circonférence par les trois points ABC.

Tel est le moyen à employer pour mesurer la surface intérieure et extérieure d'un dôme, en ajoutant toutefois l'épaisseur de la voûte à la perpendiculaire et au diamètre, s'il s'agit de la surface extérieure.

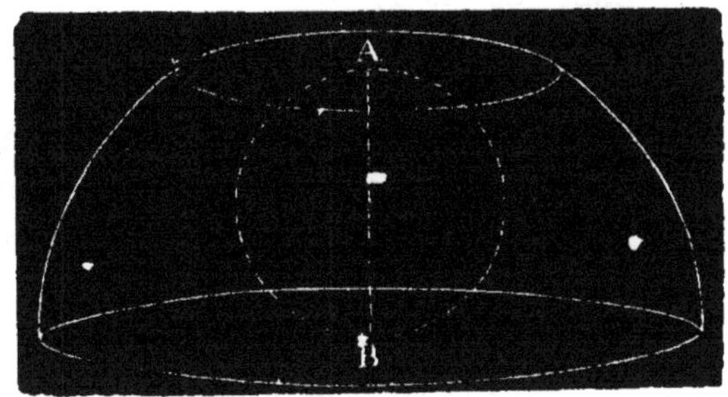


Pour mesurer le segment sphérique à deux bases, on fait la $\frac{1}{2}$ somme de ces dernières, que l'on multiplie par la hauteur AB, en ajoutant au produit le volume de la sphère dont cette hauteur est le diamètre.

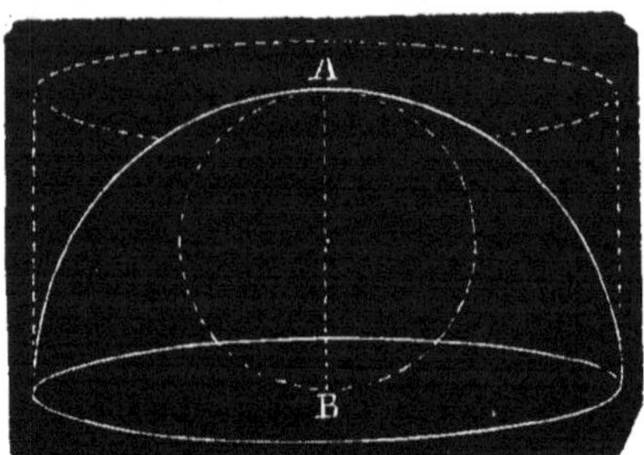


Pour mesurer le segment sphérique à une seule base, il faut prendre la moitié du cylindre qui a même base et même hauteur AB, et y ajouter le volume de la sphère dont cette hauteur est le diamètre.

On peut avoir souvent à évaluer la contenance d'un vase dont le fond, quoique sphérique, n'est pas une demi-sphère, comme dans les figures 1 et 2.

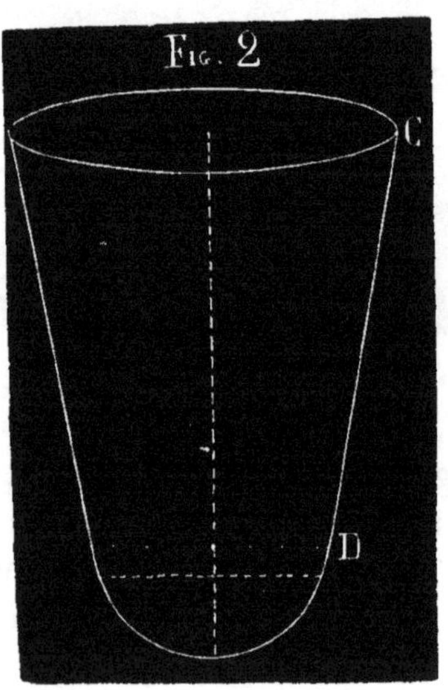


Dans ce cas, on calcule séparément le cylindre AB et le tronc de cône CD, à chacun desquels on ajoute le volume du segment sphérique qui forme le fond.

On appelle secteur sphérique la portion de la sphère limitée par la surface d'un cône ayant son sommet au centre.

On mesure la surface de cette figure en ajoutant la surface du cône ABC à celle de la calotte AMC.

Quant au volume, on l'obtient comme celui de la sphère, en multipliant la surface de la base par le $\frac{1}{3}$ du rayon AB.

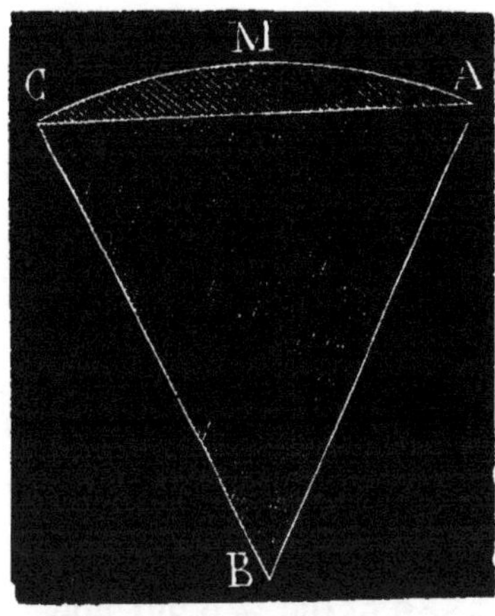


On appelle onglet sphérique toute portion de la sphère déterminée par deux plans passant par le centre.

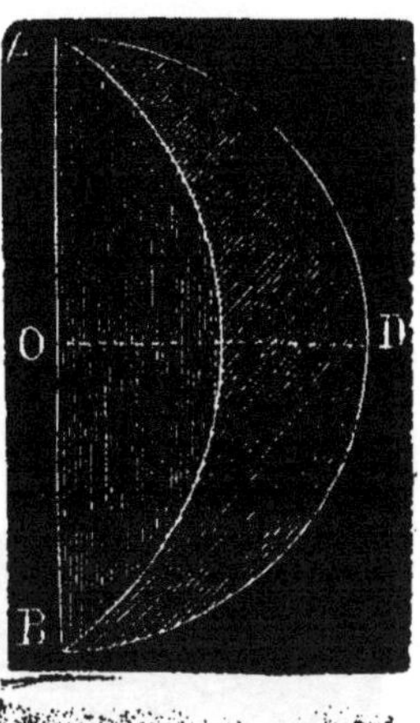


Le volume de ce corps se déduit du volume de la sphère entière, et sa surface convexe de la surface totale, en évaluant l'angle qui comprend la partie la plus large, suivant OD, et que nous supposons de 15° ; il ne reste plus qu'à faire le raisonnement suivant :

Si 360° donnent tel cube ou telle surface, 15°, 24me partie de 360, en donneront 24 fois moins.

## PROBLÈMES RELATIFS A LA MESURE DE LA SPHÈRE.

Il peut arriver dans la pratique qu'on ait besoin de construire une boule ou un bassin demi-sphérique, qui soit un certain nombre de fois plus grand ou plus petit qu'un autre. Pour cela, il faut savoir que les sphères sont entre elles comme les cubes de leurs rayons, c'est-à-dire que si l'on veut construire une sphère qui ait 3 fois plus de volume qu'une autre, il faut que le cube du rayon de la deuxième soit trois fois plus grand que le cube du rayon de la première.

### EXEMPLE :

Quel est le rayon d'une sphère deux fois plus grande qu'une autre qui a 2m,45 de contour ?

On a :

$\frac{2,45}{3,1416} = 0,779$, diamètre de la sphère, ou 0,389 pour le rayon.

Le cube du rayon $0,389 \times 0,389 \times 0,389 = 0^{m3},058.863$.

0,058.863 × 2 = 0m³,117.726, cube du rayon de la sphère deux fois plus grande.

$\sqrt[3]{0,117,726}$ = 0,49, rayon de la sphère deux fois plus grande.

1o Quelle est la contenance d'un vase demi-sphérique dont le rayon est de 0m,45?

Le diamètre 0,90 × 3,1416 = 2,8274, contour de la sphère entière; 2,8274 × 0,225 = 0.636165, surface du grand cercle;

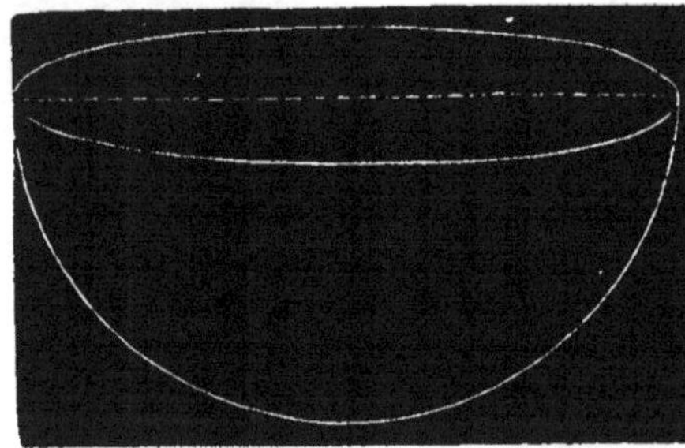

0,636165 × 4 = 2,54466, 4 fois la surface du grand cercle; le tiers du rayon 0,15×2,54466 = 0,381.699, cube de la sphère entière.

$\frac{0,381.699}{2}$ = 0m³,190,849, contenance du vase demi-sphérique.

2o Quel rayon faut-il donner à une chaudière demi-sphérique, pour qu'elle contienne exactement 300 décimètres cubes ou litres?

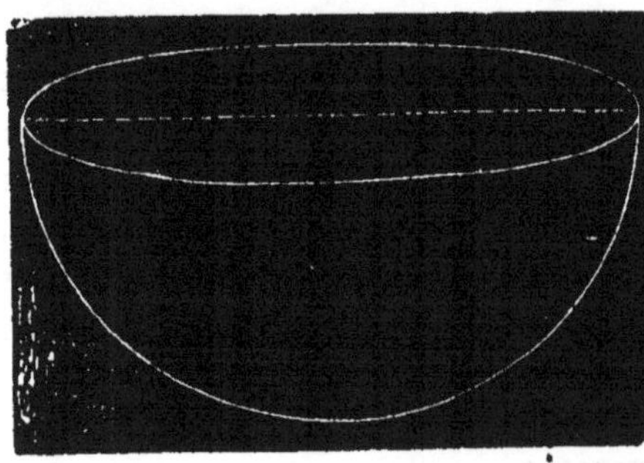

Puisque le volume de la sphère est égal aux $\frac{4}{3}$ de $\pi$ ou 4,1888 multiplié par le cube du rayon, on voit qu'il faut tout simplement diviser 600, volume de la sphère entière, par le facteur connu 4,1888, ce qui donne pour quotient le cube du rayon, dont on n'a plus qu'à extraire la racine cubique.

$\frac{0^{m},600^{\text{décimètres cubes}}}{4,1888}$ = 0,143213, cube du rayon.

$\sqrt[3]{0,143,239}$ = 0,523, rayon de la chaudière à construire.

On vérifie cette opération en cherchant le cube d'une sphère qui a 0,523 de rayon, et prenant la $\frac{1}{2}$ du résultat pour la chaudière demi-sphérique.

Si l'on avait à chercher le cube d'un corps tout à fait irrégulier et qui ne fût pas trop volumineux, on remplirait un vase d'eau avec beaucoup de précision ; on y plongerait ensuite le corps en question, qui déplacerait nécessairement un volume d'eau égal au sien. Alors le nombre de litres, ou mieux encore le poids de l'eau déplacée, donnerait exactement le nombre de décimètres cubes exprimant le volume du corps en question.

S'il y avait à craindre que le corps ne fût altéré par l'eau, on le placerait dans une caisse rectangulaire que l'on remplirait ensuite de sable très-fin, en le faisant pénétrer dans les plus petites cavités, par des secousses imprimées à la caisse. Après en avoir retiré le corps et nivelé le sable, on cuberait le vide, et l'on aurait ainsi le volume cherché.

Lorsque nous aurons vu plus loin ce qu'on entend par *poids spécifique des corps*, nous apprendrons facilement à en chercher le volume, connaissant le poids, et leur poids, en connaissant leur volume.

### Du Stère.

Quand le mètre cube sert à mesurer le bois de chauffage ou le bois de charpente, on l'appelle plus particulièrement *stère*.

Le stère se divise en 10 parties égales appelées *décistères*, valant par conséquent chacune 100 décimètres cubes, ou bien en 100 parties appelées *centistères*, dont chacune vaut ainsi 10 décimètres cubes.

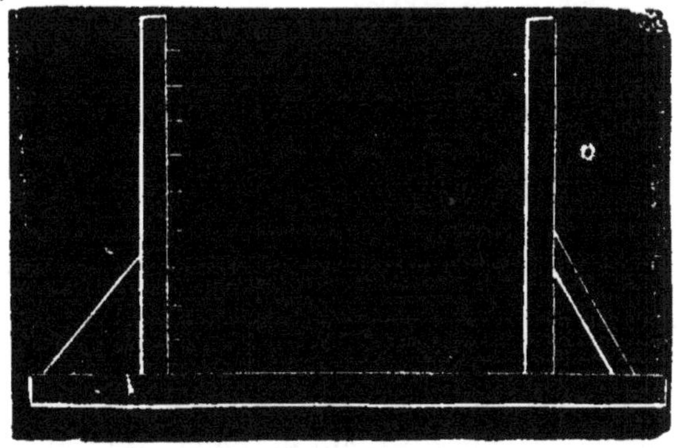

On mesure le bois de chauffage dans un cadre qui prend aussi le nom de stère, et qui se compose d'une pièce de bois horizontale, dans laquelle sont fixées deux tiges verticales situées à un mètre de distance ; ces deux montants sont unis à la solive horizontale chacun dans un lien qui en assure la solidité. Sur chacun d'eux, on trace les 10 décimètres du mètre, afin de pouvoir reconnaître du premier coup d'œil les décistères. Il y a aussi des doubles stères ; dans ce cas, les montants sont placés à 2 mètres de distance.

Quand le bois est coupé à un mètre de longueur, on n'a qu'à l'entasser entre les deux montants à la hauteur d'un mètre, pour avoir un stère. Dans ce cas, chaque décimètre de hauteur donne un décistère ; mais les bûches ont ordinairement plus d'un mètre. On conçoit qu'il faut alors donner au tas moins d'un mètre de hauteur pour qu'il y ait compensation ; voici comment on opère :

La longueur du bois, la hauteur à laquelle il est empilé et la largeur du tas multipliées entre elles, doivent, dans tous les cas, donner un mètre cube. Or, la distance entre les deux montants du stère étant toujours d'un mètre, il est évident que la longueur du bois, multipliée par la hauteur du tas, doit donner un mètre carré : divisant donc le produit $1^{m^2}$, par le facteur connu, la longueur des bûches, on trouve l'autre facteur, c'est-à-dire la hauteur du tas.

EXEMPLE :

A quelle hauteur faut-il entasser du bois de $1^m,25$ de long, pour avoir un stère ?

$1^{m^2} : 1,25 = 0^m,80$, hauteur du tas.

On voit par là qu'on serait en perte, si l'on se contentait de déduire sur la hauteur du tas ce que les bûches ont en plus du mètre.

Si l'on a du bois équarri à cuber, on y arrive en faisant le produit des trois dimensions, comme nous l'avons vu plus haut ; si la pièce de bois est plus grosse d'un bout que de l'autre, on prend les dimensions de l'équarrissage au milieu, ou bien encore, si un obstacle empêche d'arriver au milieu, on calcule séparément la surface de chaque bout ; on fait le total de ces deux faces, dont on prend la moitié, ce qui donne la surface moyenne que l'on multiplie ensuite par la longueur de la pièce.

Il faut se rappeler que ce moyen n'est qu'approximatif, et que, pour opérer exactement, il faudrait recourir à la formule que nous avons vue plus haut :

$$B + B' + \sqrt{BB'} \times \tfrac{1}{3} H.$$

### Application du cubage au bois de grume.

On appelle bois en grume du bois qui est encore couvert de son écorce ; pour avoir le cube d'une pièce de bois en grume, supposée équarrie, voici ce qu'il faut faire : après avoir pris le contour de la pièce en dedans de l'écorce à l'un des bouts, ou au milieu si les deux extrémités sont d'inégale grosseur, on divise ce contour par 3,1416, ce qui donne le diamètre, dont on prend la moitié pour avoir le rayon. On fait le carré de ce rayon, que l'on double, ce qui donne la surface à multiplier par la longueur. Pour avoir le côté de l'équarrissage, on n'aurait qu'à extraire la racine carrée du double carré du rayon.

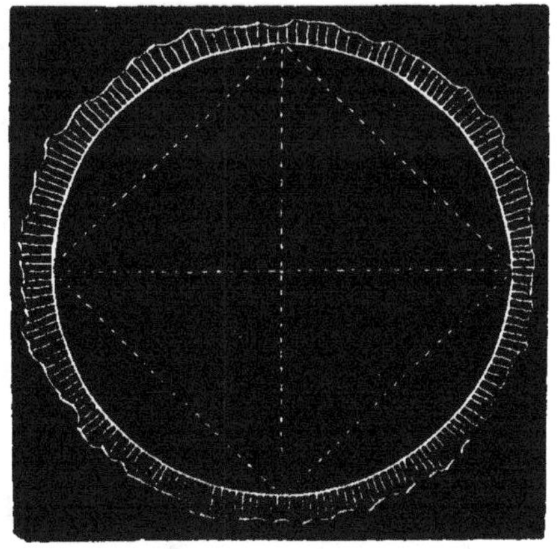

Soit, pour exemple, une pièce de bois en grume dont la longueur est de $8^{m},50$ et le contour pris au milieu $1^{m},15$; combien devra-t-elle être payée à raison de 60 fr. le mètre cube?

Le marchand de bois qui achète ne peut payer 60 fr. le mètre cube le bois qui doit être enlevé par l'équarrissage et qui doit à peine suffire pour payer l'ouvrier ; la pièce de bois doit donc être cubée comme si elle était équarrie, ce qui donne lieu aux calculs suivants :

$\frac{1,15}{3,1416} = 0,366$, pour le diamètre.

$\frac{0,366}{2} = 0,183$, pour le rayon.

$0,183 \times 0,183 = 0,0335$, carré du rayon

$0,0335 \times 2 = 0,0670$, double carré du rayon.

$0,0670 \times 8,5 = 0^{m3},570$, cube de la pièce équarrie.

$0,570 \times 60$ fr. $= 34$ fr. 20, prix qu'elle doit être payée.

MOYEN APPROXIMATIF.

Après avoir mesuré la circonférence de l'arbre à égale distance des deux bouts, on en déduit le $\frac{1}{5}$ ; on prend le $\frac{1}{4}$ du reste, ce qui donne le côté de l'équarrissage ; ce $\frac{1}{4}$ étant élevé au carré donne la surface, qu'il faut multiplier par la longueur pour obtenir le cube de la pièce de bois supposée équarrie.

En déduisant le $\frac{1}{5}$ de la circonférence, on suppose que le bois doit être équarri à *arêtes vives*, comme cela est le plus souvent exigé dans diverses administrations ; mais, pour le commerce ordinaire, l'usage est de déduire le $\frac{1}{6}$, ce qui donne un équarrissage imparfait, et par conséquent un cube plus considérable pour le profit du vendeur. Un marchand de bois qui achète a donc tout intérêt à mettre dans son marché cette condition qu'il déduira le $\frac{1}{5}$. On comprend que le vendeur, au contraire, doit tenir à ce qu'on ne déduise que le $\frac{1}{6}$, car, dans ce cas, chaque pièce aura un cube plus considérable, puisqu'on en déduit moins, et sera, par conséquent, payée plus cher.

Voyons, sur le même exemple, la différence qui résulte de ces deux manières d'opérer.

Une pièce de bois en grume a $7^m,25$ de long et $0^m,85$ de contour à son milieu ; combien doit-elle être payée à raison de 65 fr. le mètre cube ?

DÉDUCTION DU $\frac{1}{5}$.

$\frac{0,85}{5} = 0,17$, $\frac{1}{5}$ de la circonférence.

$0,85 - 0,17 = 0,68$, le $\frac{1}{5}$ étant déduit.

$\frac{0,68}{4} = 0,17$, $\frac{1}{4}$ du reste.

$0,17 \times 0,17 = 0,02.89$, $\frac{1}{4}$ élevé au carré.

$0,0289 \times 7,25 = 0^{m^3},209.525$, cube de la pièce.

$0^{m^3},209.525 \times 65$ fr. $= 13$ fr. 62, prix de la pièce.

DÉDUCTION DU $\frac{1}{6}$.

$\frac{0,85}{6} = 0,15$, $\frac{1}{6}$ de la circonférence.

$0,85 - 0,15 = 0,70$ le $\frac{1}{6}$ étant déduit.

$\frac{0,70}{4} = 0,175$, $\frac{1}{4}$ du reste.

$0,175 \times 0,175 = 0,03.06$, $\frac{1}{4}$ élevé au carré.

$0,03.06 \times 7,25 = 0,221.850$, cube de la pièce.

$0,221.850 \times 65$ fr. $= 14$ fr. 42, prix de la pièce.

## QUESTIONNAIRE

1. Qu'appelle-t-on volume, solide ou corps ?
2. Quel est l'unité de volume adoptée ?
3. Comment désigne-t-on un cube ?
4. Comment indique-t-on le mètre cube ?
5. Comment le divise-t-on ? Démonstration sur une figure.
6. Comment décroissent les subdivisions du mètre cube ?
7. Comment faut-il écrire les décimètres cubes, les centimètres cubes, les millimètres cubes ? Expliquez pourquoi.
8. Quelle différence faites-vous entre le décimètre cube et le dixième de mètre cube ?
9. Qu'est-ce que cuber un corps ? Quels sont les corps que l'on peut cuber au moyen de deux multiplications ?
10. Qu'entendez-vous par prisme, arête, parallélipipède, parallélipipède rectangle ?
11. Comment cube-t-on le parallélipipède ? Faites une démonstration sur la figure qui indique la division du cube.
12. Comment cube-t-on le prisme triangulaire ? Pourquoi ?
13. Comment cube-t-on un prisme quelconque, à cinq ou six côtés, par exemple ? Pourquoi ?
14. Si le prisme a pour base un polygone régulier, que faut-il faire ?
15. Quest-ce qu'un prisme tronqué, et comment le cube-t-on ?

16. Citez différents cas où l'on peut, dans la pratique, avoir à cuber un prisme ?

17. Évaluation des déblais et des remblais de chemin de fer.

18. Faites la figure des tas de sable ou de cailloux destinés à l'entretien des routes, et expliquez comment on les cube, en rappelant ce qui a été dit sur la manière d'obtenir le volume du prisme tronqué.

19. Qu'est-ce qu'un cylindre ? Par quelles surfaces est-il formé ?

20. Comment en obtient-on la surface ?

21. Comment le cube-t-on ? Expliquez pourquoi.

22. Comment trouve-t-on le volume d'nn tuyau de conduite ?

23. Comment cube-t-on un bassin dont la base a la forme d'une ellipse ?

24. Citez les différents cas qui peuvent se présenter dans la pratique pour le cubage des cylindres.

25. Comment calcule-t-on la profondeur d'un bassin cylindrique dont on connaît la contenance et le rayon ?

26. Comment calcule-t-on le rayon d'un bassin cylindrique dont on connaît la contenance et la profondeur ?

27. Qu'est-ce que la pyramide ? Par quelles surfaces est-elle formée ?

28. Comment en obtient-on la surface totale ?

29. Comment en obtient-on le cube ? Expliquez pourquoi.

30. Comment le cône doit-il être considéré ? Pourquoi ?

31. Comment en obtient-on : 1° la surface ; 2° le cube ?

32. Qu'appelle-t-on tronc de pyramide ou de cône ?

33. De quoi se compose la surface d'un tronc de cône et comment la mesure-t-on ?

34. Comment cube-t-on approximativement le tronc de pyramide et de cône ?

35. Indiquez le moyen le plus exact de cuber le tronc de cône ou de pyramide ?

36. Comment évalue-t-on la contenance des tonneaux ?

37. Qu'est-ce que la sphère ? Par quoi est-elle engendrée ?

38. Par quelle réunion de volume la considère-t-on formée ?

39. Comment en mesure-t-on la surface ?

40. Comment en obtient-on le cube ? Pourquoi ?

41. Quel est le second moyen de cuber une sphère ?

42. Que signifie cette expression : $\frac{4}{3}\pi R^3$ ?

43. Qu'est-ce qu'un segment sphérique ?

44. Qu'entendez-vous par zone sphérique et calotte sphérique ?

45. Comment obtient-on la surface de la zone sphérique à une ou à deux bases ?

46. Comment mesure-t-on le segment sphérique à une ou à deux bases ?

47. Qu'est-ce que le secteur sphérique ?

48. Comment en mesure-t-on : 1° la surface ; 2° le volume ?

49. Qu'est-ce que l'onglet sphérique ?

50. Comment en obtient-on : 1° la surface ; 2° le volume ?

51. Comment obtenir la contenance : 1° d'une chaudière demi-sphérique ; 2° d'un vase qui n'a pas exactement la forme d'une demi-sphère ?

52. Comment peut-on trouver le cube d'un corps tout à fait irrégulier ?

53. Qu'est-ce que le stère, et comment le subdivise-t-on ?

54. Que vaut, en décimètres cubes, chacune de ces subdivisions ?

55. Indiquez la forme du stère dont on se sert dans les chantiers de bois à brûler.

56. Comment calcule-t-on à quelle hauteur le bois doit être entassé entre les montants du stère, quand il a plus ou moins que la longueur d'un mètre ?

57. Comment cube-t-on le bois équarri ?

58. Dites les différents cas qui peuvent se présenter.

59. Qu'appelle-t-on bois en grume ?

60. Comment le cube-t-on en le supposant équarri ?

61. En quoi consiste le moyen approximatif ?

62. Qu'entendez-vous par la déduction du $\frac{1}{5}$ et du $\frac{1}{6}$, et quel intérêt y a-t-il pour le vendeur et l'acheteur à employer l'un de ces moyens plutôt que l'autre ?

63. Faites les deux calculs sur le même exemple, afin de montrer quelle différence en résulte.

---

## ANCIENNES MESURES DE VOLUME.

Avant 1840, on pouvait employer pour mesurer les solides :

1° La toise cube ;
2° Le pied cube ;
3° Le pouce cube.

La toise cube est un cube qui a une toise ou 6 pieds, ou enfin 2 mètres de chaque côté, et qui vaut par conséquent 216 pieds cubes ou 8 mètres cubes, ce qui donne 27 pieds cubes pour chaque mètre cube.

Maintenant, comme le mètre cube vaut mille décimètres cubes, on a :

$$\frac{1000}{27} = 37 \text{ décimètres cubes pour la valeur du pied cube.}$$

Enfin, le pied cube vaut 1728 pouces cubes ; mais comme il vaut en même temps 37 décimètres cubes ou 37000 centimètres cubes, si l'on divise ce nombre par 1728 pouces cubes, on a :

$$\frac{37000}{1728} = 21$$ centimètres cubes pour la valeur du pouce cube.

### Résumé.

| | |
|---|---|
| La toise cube vaut.......... | 8 mètres cubes. |
| Le pied cube vaut.......... | 37 décim. cubes. |
| Le pouce cube vaut......... | 21 centim. cubes. |

Si l'on avait maintenant un mémoire d'ouvrier énonçant 2 toises 9 pieds 25 pouces cubes d'un ouvrage qui doit être payé 3 fr. le mètre cube, on le réglerait de la sorte :

| | |
|---|---|
| 2 toises = 2 × 8 ou............ | 16 mètres cubes. |
| 9 pieds = 9 × 37 déc. cubes ou.. | 0,333 |
| 25 pouc. = 25 × 21 cent. cubes ou . | 0,000.525 |
| Total..... | 16,333.525 |
| | 3f |
| Prix à payer à l'ouvrier... | 49f000.575 |

Le bois de chauffage se vendait autrefois à la corde ; mais comme, presque partout aujourd'hui, la corde est remplacée par 4 stères, il devient inutile de parler de cette ancienne mesure.

Quant au bois de charpente, il est encore question du *pied cube* et de la *solive* dans bien des localités : cette dernière mesure vaut 3 pieds cubes ; elle est représentée par une pièce de bois de 6 pieds de long sur 1 pied de large et 6 pouces d'épaisseur. Il faut donc connaître le rapport de ces mesures au stère, au décistère et au centistère.

| | |
|---|---|
| Le stère vaut............. | 27 pieds cubes ou 9 solives. |
| Le décistère vaut......... | 2,7. |
| Le centistère vaut........ | 0,27. |

Nous avons vu que le pied cube vaut 37 décimètres cubes ; par conséquent, la solive, qui vaut 3 pieds cubes, vaut aussi 3 fois 37 ou 111 décimètres cubes. Connaissant un certain nombre de solives et de pieds cubes, il est donc très-facile de les convertir en stères, décistères et centistères.

C'est ainsi que, pour 5 solives 2 pieds cubes 125 pouces cubes, on aura :

| | |
|---|---|
| 5 solives × 111 décim. cubes =... | $0^{m}$ 555 décim. cubes. |
| 2 pieds cubes × 37 décim. cubes= | 0 074 |
| 125 pouces cubes × 21 cent. cubes = | 0 002.625 |
| | $0^{m3}$631.625 |

ou bien 6 décistères 3 centistères.

Un marchand achète du bois à 6 fr. 75 la solive; combien paie-t-il le mètre cube?

Le mètre cube valant 9 solives, on a :

9 × 6,75 = 60 fr. 75, prix du mètre cube.

Quel est le prix d'une pièce de bois de 16 pieds cubes, achetée à raison de 7 fr. 50 le décistère ?

Le pied cube valant 37 décimètres cubes, on a :

16 × 37 = 592 décim. cubes ou 5 décistères 92.
5,92 × 7 fr. 50 = 44 fr. 50, prix de la pièce de bois.

---

# CHAPITRE CINQUIÈME

## MESURES DE CAPACITÉ OU DE CONTENANCE.

On a pris pour unité de mesure de capacité ou de contenance le décimètre cube auquel on a donné le nom de *litre,* servant à mesurer les liquides et les matières sèches. Le décimètre cube a été remplacé par un cylindre ayant exactement la même contenance. Pour la mesure des liquides, ce cylindre est en étain et a une profondeur double du diamètre ; pour les graines, il est construit en bois, et sa profondeur est égale à son diamètre.

Les subdivisions du litre sont :

1° Le décilitre ;
2° Le centilitre.

Mais comme la loi autorise les doubles et les moitiés, les subdivisions en usage pour le litre sont :

| | Diamètr. | Profondeurs | Cubes. | POIDS correspondants |
|---|---|---|---|---|
| | millim. | millim. | centim. | gramm. |
| 1° Le litre .................. | 86 | 172 | 1000 | 1000 |
| 2° Le demi-litre............. | 68 | 136 | 500 | 500 |
| 3° Le double décilitre........ | 50 | 100 | 200 | 200 |
| 4° Le décilitre............... | 40 | 80 | 100 | 100 |
| 5° Le demi-décilitre .......... | 31.5 | 63 | 50 | 50 |
| 6° Le double centilitre. ....... | 23 | 46 | 20 | 20 |
| 7° Le centilitre.............. | 18.5 | 37 | 10 | 10 |

Les composés du litre servent ordinairement pour les matières sèches ; ils sont construits en bois, avec une profondeur égale au diamètre ; ce sont :

| | Diamètres. | Cubes. | POIDS correspondants. |
|---|---|---|---|
| | centim. | millim. | grammes. |
| 1° Le litre..................... | 108 | 1000 | 1000 |
| 2° Le double litre.............. | 136 | 2000 | 2000 |
| 3° Le demi-décalitre ........... | 185 | 5000 | 5000 |
| | | décim cub. | kilog. |
| 4° Le décalitre................. | 233 | 10 | 10 |
| 5° Le double décalitre.......... | 294 | 20 | 20 |
| 6° Le demi-hectolitre........... | 400 | 50 | 50 |
| 7° L'hectolitre................. | 503 | 100 | 100 |

Les mesures en étain sont le plus souvent garnies d'une anse placée sur le côté, et quelquefois d'un couvercle du même métal.

Quant aux mesures en bois, elles n'ont point de couvercle ; les plus grandes sont le demi-hectolitre et l'hectolitre ; elles sont ordinairement munies de deux anses, afin qu'on puisse les soulever plus facilement ; en outre, elles portent une tige de fer placée comme diamètre à l'ouverture, et soutenue à son milieu par une autre tige verticale, placée au centre de la mesure.

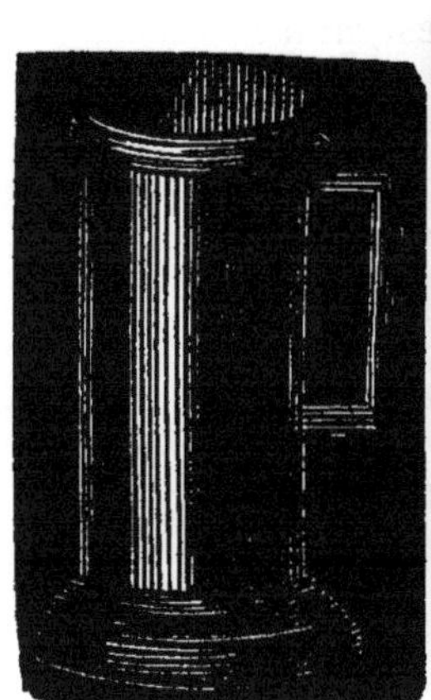

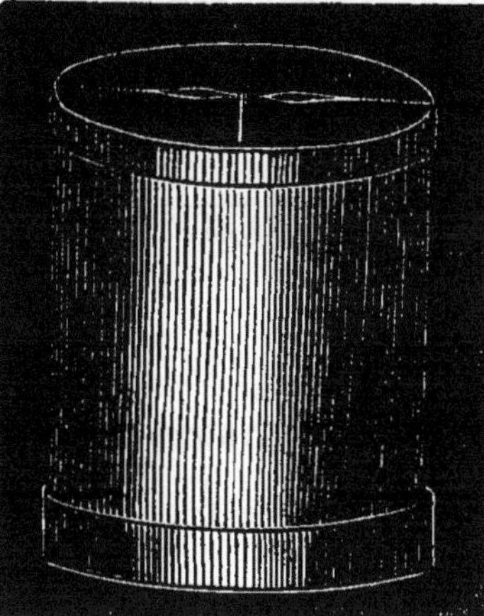

Les mesures de capacité pour le

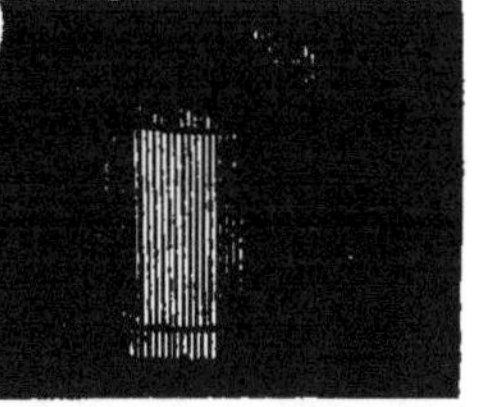

lait sont en fer-blanc, et garnies d'une anse sur le côté, comme les mesures pour les matières sèches ; elles ont le diamètre égal à la profondeur et contiennent deux décilitres, de sorte qu'il en faut cinq pour faire un litre.

### Moyen de déterminer les dimensions des mesures de capacité pour les liquides.

#### TROUVER LES DIMENSIONS DU LITRE.

On sait que le volume du cylindre s'obtient en multipliant le carré du rayon par 3,1416 pour avoir la surface du cercle, et le produit par la hauteur, ou 2 diamètres, ou 4 rayons, puisque la hauteur est double du diamètre.

On a donc :

1° Volume du litre $=$ 3,1416 $\times$ le carré du rayon $\times$ 4 rayons. Mais le carré du rayon $\times$ 4 rayons donne 4 fois le cube du rayon, de sorte qu'on peut encore écrire :

2° Volume du litre $=$ 4 fois le cube du rayon $\times$ 3,1416, ou bien, en changeant l'ordre des facteurs :

3° Volume = cube du rayon × 3,1416 × 4.

D'où l'on voit qu'en divisant le volume du litre par le produit des 2 facteurs connus 3,1416 × 4 = **12,5664**, on a le cube du rayon, dont on n'a plus qu'à extraire la racine cubique pour avoir le rayon. Ce dernier une fois connu, on le double pour avoir le diamètre, que l'on prend ensuite deux fois pour la hauteur.

Le litre valant un **million de millimètres cubes**, on a :

OPÉRATIONS.

| 1000000.000 | 12,5664 |
|---|---|
| 1203520 | 79.577 |
| 725440 | |
| 971200 | |
| 91552 | |

$\sqrt[3]{79,577}$ = **0m,043 pour rayon.**
**diamètre = 0,86**
**hauteur = 1,72**

FORMULE RÉSUMANT TOUTES CES OPÉRATIONS.

$$\text{Hauteur} = \sqrt[3]{\frac{\text{volume}}{12,5664}} \times 4$$

**Moyen de déterminer les dimensions des mesures de contenance pour les matières sèches.**

DU DÉCALITRE, PAR EXEMPLE.

On a, comme dans le premier cas :

Volume = le carré du rayon × 3,1416 × la hauteur égale au diamètre ou à 2 rayons.

En observant que le carré du rayon est le $\frac{1}{4}$ du carré du diamètre, on peut encore écrire, en changeant l'ordre des facteurs :

Volume = le $\frac{1}{4}$ du carré du diamètre × le diamètre ou hauteur × 3,1416.

Mais le $\frac{1}{4}$ du carré du diamètre × par le diamètre donne le $\frac{1}{4}$ du cube du diamètre, de sorte que l'on a encore :

Volume = le $\frac{1}{4}$ du cube du diamètre × 3,1416.

Il ne s'agit donc plus que de diviser le volume du décalitre par 3,1416 pour avoir l'autre facteur ; on × ce dernier par 4 pour avoir le cube entier du diamètre dont on extrait la racine cubique, qui donne la longueur du diamètre ou la hauteur.

Le décalitre valant dix millions de millilitres cubes, on a :

OPÉRATIONS.

1° 10 000 000 : 3,1416 = 0,003.183.091.
2° 0,003.183.091 × 4 = 0,012.732.365.
3° $\sqrt[3]{0,012.732.365}$ = $0^m,233$ pour le diamètre ou la hauteur.

FORMULE RÉSUMANT TOUTES CES OPÉRATIONS ET ÉGALEMENT APPLICABLE AUX MESURES DE CAPACITÉ POUR LE LAIT.

$$\text{Diamètre} = \sqrt[3]{\frac{\text{volume}}{3,146}} \times 4$$

### Mesurage des grains.

Il y a deux manières de mesurer les grains ; on les introduit doucement dans la mesure, ou bien on les tasse en les introduisant de manière à en faire tenir le plus possible. Pour certaines matières, on remplit la mesure au comble, c'est-à-dire aussi haut que possible par-dessus les bords ; pour d'autres, la mesure est *raflée :* dans ce dernier cas, après avoir rempli la mesure, on passe sur les bords une règle nommée *rafle*, de manière à enlever la quantité surabondante. On voit que le mesurage des grains peut donner lieu à des contestations entre le vendeur et l'acheteur, la même mesure pouvant admettre des quantités très-inégales de la même graine, suivant qu'elle a été plus ou moins tassée. Pour prévenir toute difficulté à ce sujet, on laisse tomber d'elle-même la graine dans la mesure, et toujours de la même hauteur. Elle se tasse ainsi toujours au même degré. Il est bien entendu qu'on ne doit point favoriser le tassement en secouant le vase ; on passe ensuite la rafle sur les bords de la mesure qui contient alors la quantité légale.

### Influence de la grandeur des vases et de la forme des graines dans le mesurage.

Lorsque les graines sont introduites dans un vase, celles qui touchent aux parois laissent entre elles et ces parois des vides qui sont d'autant plus grands que ces parois sont plus rapprochées, et que les graines sont plus grosses. En partant de ce principe, un litre de petits pois mesuré dans le litre en étain, ne doit pas remplir exactement le litre en bois, si les conditions de mesurage sont les mêmes de part et d'autre, c'est-à-dire si l'on verse de la même hauteur dans les deux cas, et si l'on n'agite point les deux mesures pour aider le tassement.

Il est vrai que cette expérience présente une différence très-peu sensible à cause de la petitesse des grains mesurés ; mais elle serait déjà notable si l'on opérait sur des noix, par exemple.

Dix litres de noix, et à bien plus forte raison dix litres de pommes de terre, mesurés dans le litre en bois, ne remplissent pas le décalitre ; mais il faut pour cela que les mesures ne soient point *prises au comble,* car on conçoit que les combles des dix litres mesurés séparément donneraient plus que le comble du décalitre.

Si, au lieu du litre en bois, on se servait du litre en étain pour l'expérience, il est facile de comprendre que l'on trouverait une différence en moins, plus sensible encore dans la contenance du décalitre, puisque les parois du litre en étain étant plus rapprochées, ce dernier contient un peu moins de la même graine que le litre en bois.

La conclusion toute naturelle de ce qui précède, c'est qu'il faut bien se garder d'acheter de gros fruits mesurés dans de petits vases, et qu'il y a plus d'avantage à acheter, par exemple, cent litres de noix, de pommes de terre, ou de tout autre gros fruit, mesurés d'un seul coup dans l'hectolitre, que de les acheter au double décalitre ; la perte serait plus grande en mesurant au décalitre; elle serait enfin assez considérable si l'on mesurait au litre, en supposant, dans tous les cas, le mesurage sans comble.

Le marchand qui achète des fruits à l'hectolitre et qui les revend au détail fait donc d'abord sur la quantité un bénéfice qui sera d'autant plus important que la mesure dont il se servira pour son détail sera plus petite, et que les substances vendues seront plus grosses. Quant aux vides que les graines mesurées laissent entre elles, ils dépendent absolument de leur forme. Ainsi, les graines allongées laissent moins de vides que les graines rondes ; par exemple, un hectolitre de pommes de terre longues donne plus de volume qu'un hectolitre de pommes de terre ordinaires ; il en est de même d'un litre de lentilles comparé à un litre de petits pois ; comme il y a plus de matière nutritive là où il y a moins de vides, il y aurait donc avantage, pour une personne qui achèterait de grosses pommes de terre mélangées de petites, à ne point faire trier ces dernières qui rempliront en partie les vides laissés par les plus grosses, de telle sorte que la mesure ne sera pas sensiblement accrue par cette augmentation de matière, qui sera alors tout bénéfice.

C'est ainsi qu'on aurait un très-grand avantage à acheter mélangées deux graines d'inégale grosseur ; des petits pois et du millet, par exemple, les plus petites graines allant occuper tous les vides laissés par les plus grosses, et étant alors tout bénéfice. Mais ce cas ne peut guère se présenter, car on ne trouvera aucun marchand qui n'ait pas assez de bon sens pour vendre séparément les deux graines, en laissant à l'acheteur le soin de les mélanger s'il le juge à propos, quand il les aura achetées séparément.

Il est bien entendu que les raisonnements qui précèdent ne sont applicables qu'à la vente à la mesure ; mais lorsqu'elle se fait au poids, ce qui a lieu le plus souvent aujourd'hui, il y a plutôt profit à acheter des racines ou des fruits de moyenne grosseur.

## QUESTIONNAIRE.

1. Qu'est-ce que le litre ? A quoi est-il égal ? Quelle forme lui a-t-on donnée ?

2. Comment pourrait-on revenir du litre au mètre ?

3. Toutes les mesures de contenance ont-elles le même diamètre et la même profondeur ?

4. Nommez le litre et toutes ses subdivisions qui servent aux liquides, en

indiquant le diamètre et la profondeur de chacune, ainsi que le cube et le poids correspondants.

5. Quels sont les composés du litre ? Comment sont-ils construits ? A quoi servent-ils plus particulièrement ?

6. Quelle est la mesure en usage pour le lait ?

7. Comment doit-on mesurer les grains ?

8. Quelle différence faites-vous, par exemple, entre dix litres de noix mesurés séparément avec le litre en bois et avec le décalitre sans comble de part et d'autre ? Qu'arriverait-il si les objets mesurés étaient plus gros que des noix ? Quelle différence établiriez-vous encore entre dix litres mesurés avec le litre en étain et avec le décalitre ?

9. Que concluez-vous de là pour le marchand qui achète afin de revendre au détail ?

---

## ANCIENNES MESURES DE CONTENANCE.

Les anciennes mesures de capacité pour les matières sèches étaient les suivantes :

| | | | | |
|---|---|---|---|---|
| 1° Le double boisseau, contenant.. | 25 | litres | $\frac{1}{4}$ | de l'hectolitre. |
| 2° Le boisseau.................... | 12 $\frac{1}{2}$ | — | $\frac{1}{8}$ | » |
| 3° Le demi-boisseau............. | 6 $\frac{1}{4}$ | — | $\frac{1}{16}$ | » |
| 4° Le quart de boisseau.......... | 3 $\frac{1}{8}$ | — | » | » |
| 5° Le litron...................... | 0,813 | — | » | » |
| 6° Le demi-litron................ | 9,406 | — | » | » |

Le boisseau le plus en usage était le $\frac{1}{8}$ de l'hectolitre ; il a été remplacé très-avantageusement par le décalitre. Le litron était un peu plus petit que le litre, dont il valait à peu près 0l813 ; il fallait 15 litrons pour faire un boisseau.

Les anciennes mesures de capacité pour les liquides étaient ;

| | | | |
|---|---|---|---|
| 1° Le muid, valant...... | 268 | litres | ou 2 feuillettes. |
| 2° La feuillette......... | 134 | » | ou 2 quartauts. |
| 3° Le quartaut.......... | 67 | » | ou 9 veltes. |
| 4° La velte............. | 7,45 | » | ou 8 pintes. |
| 5° La pinte............. | 0,931 | » | ou 2 chopines. |
| 6° La chopine.......... | 0,46 | » | ou 2 $\frac{1}{2}$ setiers. |
| 7° Le demi-setier....... | 0,23 | » | . . . . . |

On voit par le tableau qui précède que la valeur d'un muid en pintes égale $2 \times 2 \times 9 \times 8 = 288$ pintes.

On voit encore que si l'on avait des pintes à convertir en litres, il faudrait multiplier la valeur d'une pinte en litre, ou 0,931 par le nombre de pintes. C'est ainsi que l'on trouve que les 288 pintes du muid valent 288 fois 0l931 ou 288 × 0,931 = 268 litres.

Au contraire, si l'on a des litres à convertir en pintes, il faudra diviser le nombre de litres par la valeur de la pinte en litre ; car si l'on a :

Le litre = la pinte × 0,931

On a par cela même : la pinte = le litre : 0,931, par cette raison que le litre est un produit dont les deux facteurs sont la pinte × 0,931, et qu'il suffit de diviser un produit par l'un de ses facteurs pour retrouver l'autre.

Nous avons vu au chapitre des solides toutes les applications pratiques de la mesure des capacités, auxquelles on arrive en cubant les différents vases, suivant les règles que fournit la géométrie pour chacun d'eux, et en considérant que le décimètre cube et le litre sont égaux, et qu'il faut prendre pour la contenance du vase autant de litres que l'on trouve de décimètres cubes dans le calcul de son volume.

---

# CHAPITRE SIXIÈME

## UNITÉS DE MESURE POUR LES POIDS.

---

### Le gramme.

L'unité de mesure pour les poids est le gramme ; il est égal au poids de l'eau contenue dans le centimètre cube, ce qui montre tout de suite comment cette unité dérive du mètre. L'eau dont on se sert pour déterminer le poids du gramme doit être :

1o Pure ;

2o Prise à la température de quatre degrés au-dessus de zéro du thermomètre centigrade ;

3o Enfin pesée dans le vide.

Quelques mots d'explication feront comprendre pourquoi toutes ces précautions sont indispensables.

**Précautions prises pour arriver à la détermination du gramme.**

1° L'eau doit être pure, c'est-à-dire sans aucun mélange de matières étrangères.

En effet, toutes les eaux, même l'eau de pluie qui est la plus pure, renferment en dissolution des substances étrangères, variables dans leur nature et dans leur proportion, suivant l'origine de ces eaux. Il pourrait donc arriver qu'un centimètre cube d'eau de rivière, par exemple, renfermât plus ou moins de ces matières étrangères qu'un centimètre cube plein d'eau de puits, de sorte que les deux centimètres cubes pourraient contenir deux quantités de matières étrangères différentes de poids, quand bien même leur volume serait égal. Il faudrait alors, pour que l'unité de poids conservât invariablement sa valeur, prendre toujours de l'eau de même nature, renfermant en même quantité les mêmes substances. Il est bien plus simple, évidemment, de prendre de l'eau pure comme la donne la distillation.

2° L'eau doit être prise à la température de 4° au-dessus de zéro du thermomètre centigrade.

En effet, nous savons que la chaleur augmente le volume des corps : ainsi, que l'on verse un litre d'eau dans une chaudière qui en peut contenir dix, et qu'on la place devant le feu ; bientôt on verra l'eau échauffée augmenter de volume, au point de s'élever par-dessus les bords de la chaudière; elle diminuera de volume, au contraire, au fur et à mesure que la chaleur deviendra moins intense. On voit le même phénomène se produire lors de l'élévation du mercure ou de l'esprit de vin dans le thermomètre.

Supposons maintenant que l'on remplisse deux centimètres cubes, l'un d'eau chaude et l'autre d'eau froide; il est bien facile de comprendre que ce dernier contiendra plus de liquide que le premier, dont l'eau diminuera de volume en se refroidissant, de manière à ne plus remplir le centimètre cube en entier. Or, ce qui est vrai pour l'eau chaude le sera également, d'une manière moins sensible, à la vérité, pour toute eau d'une température moins élevée.

Pour obvier à cet inconvénient, on a choisi la température de 4° au-dessus de zéro de préférence à toute autre, parce qu'elle correspond au plus petit volume possible d'une masse d'eau, ou à sa plus grande densité. C'est là ce qu'on appelle le *maximum de densité,* c'est-à-dire le point où il y a le plus d'eau possible concentrée sous le même volume. Au-dessus de ce terme, la masse s'accroît par l'effet de l'augmentation de la chaleur; au-dessous, elle s'accroît également, malgré l'effet contraire de la diminution de la chaleur. En effet, tout le monde peut remarquer que l'eau, à l'approche du point où elle se change en glace, prend la forme de petites aiguilles qui, s'entrecroisant dans tous les sens, laissent entre elles des vides qui n'existaient point quand cette eau était à l'état liquide. C'est cette augmentation de volume qui fait qu'un décimètre cube de glace pèse moins qu'un décimètre cube d'eau, et qui fait par conséquent flotter les glaçons à la surface des rivières.

### 3° L'eau doit être pesée dans le vide.

En voici la raison :

Un corps plongé dans l'eau perd de son poids une quantité précisément égale au poids de l'eau déplacée; ainsi, un décimètre cube de pierre, qui pèse 3 kilogrammes dans l'air, n'en pèsera plus que 2 étant plongé dans l'eau. Or, ce qui est vrai d'un corps que l'on enfonce dans l'eau l'est également du même corps placé dans l'air. Ainsi, le décimètre cube d'air pesant 1g3, le poids du décimètre cube de pierre, dont nous venons de parler, étant obtenu dans l'air, se trouve diminué du poids de l'air déplacé, c'est-à-dire de 1g3. Par conséquent, si l'on trouve dans l'air 3 kilogrammes, il y aura dans le vide 3001g3. Mais l'air n'a pas toujours la même densité; ainsi, quand il est chaud, il est moins dense; quand il est froid, il est plus dense, de sorte que le litre contient moins d'air chaud que d'air froid, et que par conséquent un litre d'air chaud est plus léger qu'un litre d'air froid. Il en résulte que le même corps pouvant déplacer tantôt un volume d'air plus léger, tantôt le même volume d'air plus lourd, pèserait plus ou moins, suivant les variations de l'atmosphère. On voit donc qu'il était indispensable de soustraire l'unité de poids à l'action si inconstante de l'air.

Maintenant, l'eau n'a point été réellement pesée dans le vide; seulement, au moyen de calculs, on a ramené le poids du décimètre cube d'eau, sur lequel on a opéré, à ce qu'il eût été réellement s'il eût été pesé dans le vide. C'est ainsi qu'on a déterminé le kilogramme, dont la millième partie est le gramme, correspondant au poids d'un centimètre cube d'eau distillée, comme on peut s'en convaincre au moyen d'une petite balance de précision. En versant sur l'un des plateaux l'eau contenue exactement dans le centimètre cube, et mettant sur l'autre le poids du gramme, l'équilibre s'établit à quelque légère différence près, provenant de ce que l'eau n'est pas dans les conditions déterminées plus haut.

Il est facile, d'après ce qui précède, de comprendre comment le litre ou le décimètre cube d'eau, valant mille centimètres cubes, pèse par conséquent mille grammes ou un kilogramme. On peut en déduire aussi aisément les poids de toutes les subdivisions et de tous les composés du litre, tels que nous les avons vus dans le tableau de ces diverses mesures, au chapitre qui traite de l'unité de capacité.

Ajoutons, pour compléter tout ce qu'il y a à dire sur ce sujet, qu'un mètre cube d'eau valant 1,000 décimètres cubes, pèse par conséquent 1,000 kilogrammes.

Le gramme étant trop petit pour les usages du commerce ordinaire est considéré comme unité scientifique.

C'est le kilogramme qui est l'unité commerciale ; ce même poids, construit en platine sous la forme d'un cylindre dont la hauteur est égale au diamètre, est déposé aux Archives et sert de régulateur pour tous les poids en France.

### Rapport du gramme au mètre.

**Puisque toutes les unités du système ont pour base le mètre, voyons donc maintenant comment on pourrait revenir du gramme au mètre. D'abord, en faisant équilibre au gramme avec un corps quelconque, et reportant ce dernier du côté du gramme, on obtient ainsi 2 grammes ; en répétant la même opération, on obtient 4 grammes ; on prend 5 fois ce dernier poids, ce qui donne 20 grammes, lequel, répété 5 fois, donne l'hectogramme ; ce dernier poids, pris 10 fois, donne enfin le kilogramme.**

**Si l'on prend maintenant un litre d'eau pesant juste un kilogramme, que l'on verse dans un vase quelconque, sur les parois duquel on marque le niveau de l'eau, il y aura exactement un litre de ce niveau au fond du vase, et cette portion de la capacité du vase pourra être employée pour unité de mesure.**

Si l'on fait ensuite une boîte cubique qui contienne exactement un kilogramme d'eau, la profondeur de cette boîte sera égale au décimètre, avec lequel on retrouvera facilement le mètre.

### Composés et subdivisions du gramme.

Le gramme, comme toutes les autres unités du système métrique, se compose et se subdivise de la manière suivante :

| *Composés.* | *Subdivisions.* |
|---|---|
| Gramme, | Gramme, |
| Décagramme, | Décigramme, |
| Hectogramme, | Centigramme, |
| Kilogramme, | Milligramme. |
| Myriagramme. | |

Maintenant, en prenant les doubles et les moitiés, on a le tableau général suivant, que l'on peut diviser en trois séries :

| 1° *Série des gros poids* | | CUBE correspondant. | MESURE de capacité correspondante. |
|---|---|---|---|
| Le double myriagrammme, ou | 20 kilog. | 20 décim. cub. | double décal. |
| Le myriagramme, ou........ | 10 — | 10 — | décalitre. |
| Le demi-myriagramme, ou... | 5 — | 5 — | demi-décalit. |
| Le double kilogramme, ou... | 2 — | 2 — | double litre. |
| Le kilogramme, ou.......... | 1 — | 1 — | un litre. |
| 2° *Série des poids moyens.* | | | |
| Le demi-kilogramme, ou.... | 500 gram. | 500 cent. cubes | 0l50 centilitr. |
| Le double hectogramme, ou. | 200 — | 200 — | 0,20 — |
| L'hectogramme, ou......... | 100 — | 100 — | 0,10 — |
| Le demi-hectogramme, ou .. | 50 — | 50 — | 0,05 — |
| Le double décagramme, ou. | 20 — | 20 — | 0,02 — |
| Le décagramme, ou ........ | 10 — | 10 — | 0,01 — |
| Le demi-décagramme, ou... | 5 — | 5 — | ............ |
| Le double gramme, ou...... | 2 — | 2 — | ............ |
| Le gramme, ou............ | 1 — | 1 — | ............ |

3° *Série des petits poids.*

| | |
|---|---|
| Le demi-gramme, ou .............................. | 5 décigrammes. |
| Le double décigramme, ou.......................... | 2 — |
| Le décigramme, ou................................. | 1 — |
| Le demi-décigramme, ou............................ | 5 centigrammes. |
| Le double centigramme, ou......................... | 2 — |
| Le centigramme, ou................................ | 1 — |
| Le demi-centigramme, ou........................... | 5 milligrammes. |
| Le double milligramme, ou......................... | 2 — |
| Le milligramme.................................... | 1 — |

Les poids *usuels*, dont le plus petit est d'un milligramme et le plus grand de 50 kilogrammes, sont en *fonte* ou en *cuivre*.

### Poids en fonte.

Les poids en fonte de fer ont la forme d'un tronc de pyramide à 4 ou 6 pans. La série comprend les poids de 50 kilogr. et de 20 kilogr. (à base rectangulaire), de 10 kilogr., etc., jusqu'au demi-hectogramme (à base hexagonale); on les manie à l'aide d'un anneau mobile adapté à la partie supérieure qui porte l'indication de leur valeur ; l'empreinte du vérificateur se trouve en dessous, gravée sur le plomb qui sert à fixer l'anneau.

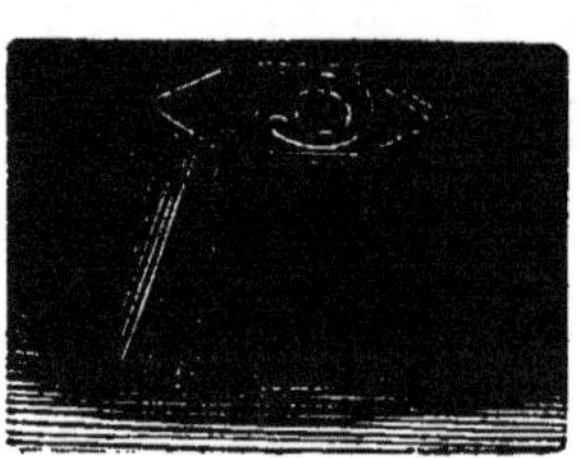

### Poids en cuivre.

Ils se divisent en trois séries, d'après leur forme :

1° Les poids *cylindriques*, depuis 20 kilogrammes jusqu'au gramme, avec les doubles et les moitiés ; ils ont la hauteur égale au diamètre, et sont surmontés d'un bouton qui permet de les saisir plus facilement; ce bouton doit avoir en hauteur la moitié du diamètre.

Les poids cylindriques sont creux et contiennent du plomb au moyen duquel ils sont ajustés avec la plus grande précision.

2° Les poids *à godets*, ayant la forme de cônes tronqués, s'emboîtant les uns dans les autres, avec ou sans couvercle, et formant un poids déterminé de 1 kilogr. ou de 1/2 kilogr. Chaque pièce correspond à un poids cylindrique.

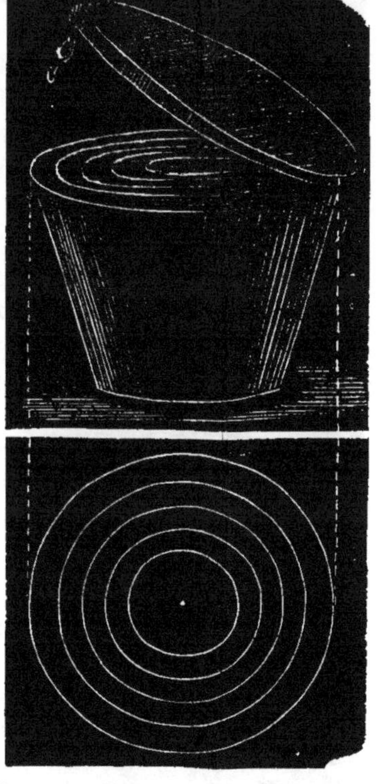

Une condition essentielle de régularité, c'est qu'un poids pris dans une pile puisse entrer exactement dans la même suddivision d'une autre pile de poids semblables.

3° Les petits poids, depuis le *demigramme* jusqu'au *milligramme*, servent aux pesées très-délicates, et qui exigent une grande précision, comme lorsqu'il s'agit du poids de l'or, des pierres précieuses, des substances vendues par les pharmaciens. Ces poids ont ordinairement la forme de petites lames carrées, dont l'un des angles est redressé pour être saisi plus facilement à l'aide d'une petite pincette. On leur donne encore la forme d'une circonférence formée de petits fils de cuivre tordus ensemble.

Dans le commerce en gros, on se sert du *quintal métrique*, qui vaut 100 kilogrammes; ce poids n'existe pas réellement, mais on le forme avec d'autres poids.

Il y a encore le *tonneau de mer*, pesant 1000 kilogrammes, et qui sert à évaluer le chargement des navires : ainsi, lorsqu'on dit qu'un vaisseau est de 5 ou 600 tonneaux, cela signifie qu'il peut porter 5 ou 600 mille kilogrammes.

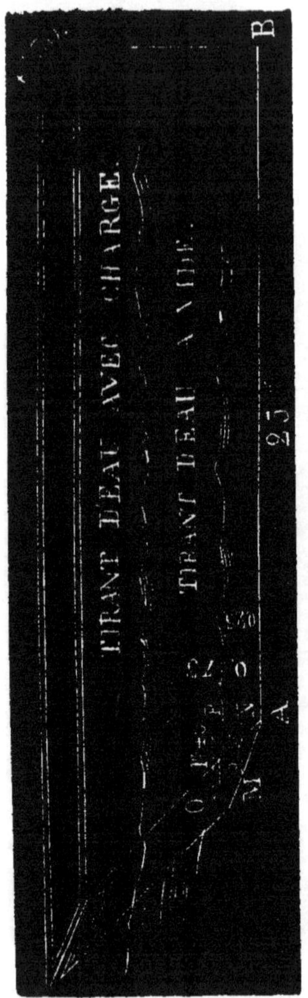


Lorsqu'il s'agit de la charge des bateaux, on se sert de la dénomination de *tonne,* également du poids de 1000 kilogrammes.

Voici comment on évalue le poids des marchandises contenues dans un bateau :

D'abord on s'appuie sur ce principe : que le poids d'un corps flottant quelconque est égal au poids de l'eau qu'il déplace.

Cela posé, on remarque que le volume d'eau déplacée a précisément la forme d'un parallélipipède, dont la longueur est celle du bateau, mesurée sur le fond même ; pour largeur, celle du bateau, et pour épaisseur, la hauteur de l'enfoncement dans l'eau, qu'on appelle *tirant d'eau ;* mais ordinairement les bateaux sont inclinés vers une extrémité ; on prend alors pour longueur moyenne la distance comprise entre l'extrémité non inclinée et le milieu du tirant d'eau sur la face inclinée, que le bateau soit vide ou chargé.

Soit, pour exemple, la question suivante :

Un bateau a 25 mètres de long, mesurés sur le fond AB ; $4^{m}50$ de largeur ; son tirant d'eau à vide est de $0^{m}25$ et de $0^{m}75$ lorsqu'il est chargé ; comme l'une des extrémités est inclinée, il faut ajouter à la longueur du fond $0^{m}50$ pour la distance MN prise du milieu du tirant d'eau à vide, et $1^{m}40$ pour cette distance OP, lorsque le bateau est chargé. On demande quel est le poids des marchandises qu'il contient.

CALCULS.

1° 25 + 1,40 = 26,40 × 4,50 × 0,75 = 89$^{m3}$,100, cube de l'eau déplacée sur le bateau chargé.

2° 25 + 0$^{m}$50 = 25,50 × 4,50 × 0,25 = 28$^{m3}$,690, cube de l'eau déplacée par le bateau vide.

Reste... 60,410, cube de l'eau déplacée par le poids des marchandises.

Égal à 60 tonnes 410 kilogrammes.

Si les deux extrémités étaient inclinées, on ajouterait à la longueur du fond la distance qui le sépare du niveau de l'eau d'un bout seulement, en négligeant l'autre extrémité, ce qui établirait une compensation exacte.

Si les parois latérales du bateau étaient inclinées, on prendrait une moyenne largeur, comme nous venons de le faire en supposant les deux bouts inclinés.

Souvent il est impossible de peser certaines masses ; dans ce cas, on peut en obtenir le poids en mesurant leur volume et en ayant égard à leur poids spécifique ou densité. On appelle ainsi le poids d'un corps quelconque comparé à celui de l'eau prise sous le même volume. Ainsi, en prenant comme base le décimètre cube, qui pèse un kilogramme, on a le tableau suivant, qui indique le poids d'un même volume de chaque substance.

| | | | kilog. |
|---|---|---|---|
| 1 | Le décimètre cube | d'eau | 1,000 |
| 2 | — | eau de mer | 1,026 |
| 3 | — | eau glacée | 0,930 |
| 4 | — | acide sulfurique | 1,850 |
| 5 | — | acide nitrique | 1,207 |
| 6 | — | vin de Bourgogne | 0,992 |
| 7 | — | vin de Bordeaux | 0,994 |
| 8 | — | vinaigre | 1,013 |
| 9 | — | alcool du commerce | 0,837 |
| 10 | — | eau-de-vie à 22° | 0,923 |
| 11 | — | huile d'olive | 0,915 |
| 12 | — | huile de noix | 0,923 |
| 13 | — | lait de vache | 1,032 |
| 14 | — | or | 19,258 |

| | | | kilog. |
|---|---|---|---|
| 15 | Le décimètre cube | platine................ | 20,722 |
| 16 | — | argent................ | 10,475 |
| 17 | — | cuivre pur rouge....... | 9,000 |
| 18 | — | cuivre jaune........... | 8,400 |
| 19 | — | fer forgé............. | 7,870 |
| 20 | — | fer fondu............. | 7,645 |
| 21 | — | étain................. | 7,291 |
| 22 | — | plomb................ | 11,352 |
| 23 | — | acier................. | 7,833 |
| 24 | — | zinc.................. | 6,861 |
| 25 | — | mercure............... | 13,598 |
| 26 | — | bronze................ | 8,000 |
| 27 | — | fonte................. | 7,200 |
| 28 | — | albâtre............... | 1,875 |
| 29 | — | marbre................ | 2,696 |
| 30 | — | pierre de liais......... | 2,078 |
| 31 | — | granit................ | 2,654 |
| 32 | — | verre................. | 2,500 |
| 33 | — | ivoire................ | 1,917 |
| 34 | — | soufre................ | 2,033 |
| 35 | — | cire.................. | 0,970 |
| 36 | — | suif ou beurre......... | 0,942 |
| 37 | — | chêne frais............ | 0,930 |
| 38 | — | chêne sec............. | 1,670 |
| 39 | — | orme ou aulne......... | 0,800 |
| 40 | — | hêtre................. | 0,852 |
| 41 | — | érable................ | 0,755 |
| 42 | — | noyer................. | 0,671 |
| 43 | — | saule................. | 0,685 |
| 44 | — | tilleul................ | 0,604 |
| 45 | — | sapin................. | 0,657 |
| 46 | — | peuplier............... | 0,383 |
| 47 | — | pommier.............. | 0,733 |
| 48 | — | poirier................ | 0,661 |
| 49 | — | prunier............... | 0,785 |
| 50 | — | cerisier............... | 0,715 |
| 51 | — | buis.................. | 0,912 |
| 52 | — | terreau............... | 0,830 |
| 53 | — | terre végétale......... | 1,214 |

| | | | kilog. |
|---|---|---|---|
| 54 | Le décimètre cube | terre glaise........... | 1,700 |
| 55 | — | sable fin, sec.......... | 1,400 |
| 56 | — | sable fin, humide...... | 1,900 |
| 57 | — | sable de rivière........ | 1,770 |
| 58 | — | mâchefer............. | 0,770 |
| 59 | — | pierre à bâtir, tendre... | 1,142 |
| 60 | — | pierre ordinaire........ | 1,500 |
| 61 | — | maçonnerie en moellons | 2,240 |
| 62 | — | maçonnerie en briques. | 1,870 |
| 63 | — | charbon de terre....... | 0,942 |
| 64 | — | grès des paveurs....... | 2,416 |
| 65 | — | pierre à fusil.......... | 2,600 |
| 66 | — | plâtre gâché.......... | 1,600 |

Les corps gazeux étant infiniment plus légers que l'eau, sont comparés à l'air atmosphérique pris pour unité.

| | |
|---|---|
| 1° Air atmosphérique.......... | 1,000 |
| 2° Acide carbonique,............ | 1,524 |
| 3° Oxygène.................... | 1,103 |
| 4° Hydrogène.................. | 0,069 |
| 5° Azote...................... | 0,970 |
| 6° Ammoniaque............... | 0,596 |
| 7° Vapeur aqueuse à 100 degrés.. | 0,519 |

Le poids d'un décimètre cube d'air à 0 degré est de 1,298.

On trouve, dans les usages de la vie, une foule de circonstances où la connaissance des poids spécifiques est très-utile.

1° Supposons, par exemple, qu'on veuille connaître le poids d'une pièce de chêne frais qui a 5 mètres de long sur 0,75 et 0,85 ; on en fait le cube, ce qui donne :

$$5 \times 0,75 \times 0,85 = 3^{m3}187.500.$$

Maintenant on raisonne ainsi : un pareil volume d'eau pèserait 3187 kilogr. 500 gr.; mais puisque le chêne vert ne pèse que 0 kilogr. 930 gr. le décimètre cube, on voit qu'il ne s'agit que de multiplier le cube de la pièce par 0 kilogr. 930 gr., ce qui donne :

$3,1875 \times 0,930 = 2964$ kilogr. 375 gr. pour le poids de la pièce de chêne.

2° Quel est le rayon d'une boule en fer fondu qui pèse 225 kilogrammes, sachant que le décimètre cube pèse 7 kilogr. 778 gr.?

$$\frac{225}{7,778} = 28^{\text{déci. cubes}},920, \text{ volume de la boule.}$$

$$\frac{0^{m3},928.920}{4,1888} = 0^{m3}.006.900, \text{ cube du rayon.}$$

$$\sqrt[3]{0,006.900} = 0^{m}19, \text{ rayon de la boule donnée.}$$

**Divers problèmes à résoudre.**

1° Quel est le poids d'un tuyau de fonte dont la longueur et les diamètres sont donnés?

2° Couper une barre de fer dont la largeur et l'épaisseur sont données, de manière à en détacher une partie d'un poids déterminé.

3° Comment déterminerait-on le poids de six fils télégraphiques établis sur la ligne de Paris à Orléans?

4° Avec un lingot de plomb d'un poids connu, combien peut-on faire de balles d'un calibre donné?

La connaissance de la mesure des solides donne le moyen d'obtenir de la même manière le poids d'une glace, celui d'une colonne de marbre, d'une pierre dure, d'un bloc de grès, d'une barre de fer rectangulaire ou cylindrique, d'une boule en fonte, d'une pièce de vin, etc.

S'il s'agissait d'un corps irrégulier, d'un vase en fonte par exemple, voici comment on pourrait opérer si l'on ne pouvait, par le moyen ordinaire, le peser : on le renfermerait dans une sorte de caisse en planches bien jointes, de l'intérieur de laquelle on prendrait le cube bien exactement et que l'on remplirait d'eau. Le nombre de décimètres cubes d'eau versés dans l'intérieur de la caisse, étant retranché du volume trouvé en premier lieu, donnerait précisément le nombre de décimètres cubes du vase, lequel, multiplié par 7,20, égalerait le poids de ce vase.

1° Un cylindre métallique a 1m75 de long; le diamètre, à l'intérieur, est de 0m18, et à l'extérieur de 0m23. On demande combien pèse ce cylindre rempli d'eau, supposée pure, sachant que le poids spécifique du métal est 9.

2° Un vase plein de vin pèse 35 kilogr.; étant vide, il ne pèse plus que 8 kilogr. 700 gr. On demande quelle est la contenance du vase, le poids spécifique du vin étant de 0,992.

On peut également revenir du poids au volume de la matière du vase, toujours au moyen de la connaissance du poids spécifique ; soit, pour exemple, un vase de fonte dont on veut connaître le volume : on commence par le peser, et si l'on trouve 175 kilogr., on raisonne ainsi : le nombre de décimètres cubes multiplié par la pesanteur spécifique 7.20 donne le poids ; donc 175 kilogr. est un produit qu'il faut diviser par le facteur connu 7,20, ce qui donne pour cube du vase :

$$\frac{175}{7,20} = 24^{\text{déci3}},305.$$

Nous verrons, au chapitre des monnaies, comment on peut trouver ainsi le volume d'une somme quelconque, en or, en argent ou en cuivre.

## QUESTIONNAIRE.

1. Qu'est-ce que le gramme ? A quoi est-il égal ? Comment se rattache-t-il au mètre ? Comment peut-on revenir du gramme au mètre ?
2. Quels sont tous les composés et toutes les subdivisions du gramme ?
3. En combien de séries divise-t-on les poids ?
4. Nommez les poids de la première série avec les capacités correspondantes.
5. Quelle en est la forme ? Quelle matière emploie-t-on pour les fabriquer ? Quel est le plus gros que l'on fasse ?
6. Nommez les poids de la deuxième série avec les cubes correspondants.
7. Décrivez les trois formes différentes sous lesquelles ils se présentent. A quel genre de commerce conviennent-ils ?
8. Nommez les poids de la troisième série. Quelle en est la forme ? à quoi servent-ils ?
9. Qu'est-ce que le quintal métrique, la tonne, le tonneau de mer ?

---

## ANCIENNE UNITÉ DE POIDS.

L'ancienne unité du poids était :

1° *La livre*, valant 16 onces.
2° *L'once*, — 8 gros.
3° *Le gros*, — 72 grains.

Ce qui donnait pour la livre :

$$16 \times 8 \times 72 = 9216 \text{ grains.}$$

Maintenant, on a trouvé qu'un gramme vaut 18 grains 827 ; par conséquent, un kilogramme en vaut mille fois plus, c'est-à-dire 18827. Si l'on veut connaître le rapport du kilogramme à l'ancienne livre, il faut donc diviser 18827 grains par 9216, nombre de grains contenus dans la livre, ce qui donne pour quotient 2,042, d'où l'on voit que le kilogramme vaut un peu plus que 2 livres anciennes.

Avant 1840, la livre était encore en usage avec ses subdivisions; mais alors elle était égale au 1/2 kilogramme, c'est-à-dire qu'elle valait 500 grammes.

On avait donc :

*Pour une once* $\frac{500}{16} = 31^{\text{grammes}},25.$

*Pour un gros* $\frac{31.25}{8} = 3^{\text{grammes}},90.$

*Pour un grain* $\frac{3,9}{72} = 0^{\text{gramme}},054.$

Bien des personnes ne sont pas encore familiarisées avec les mots kilogramme, hectogramme, décagramme, et parlent toujours de livres et d'onces lorsqu'elles entrent dans un magasin; le tableau qui précède peut leur apprendre à convertir immédiatement ces anciennes unités en unités nouvelles.

Si l'on demandait, par exemple, 5 onces et 6 gros d'une marchandise, on recevrait :

1° 5 fois $31^{\text{grammes}},25$ ou $156^{\text{gr}},25$ pour 5 onces ;
2° 6 fois 3 — ,90 ou 23 ,40 pour 6 gros.
Total..... $179^{\text{gr}},65$,

pesée dans laquelle entreraient les poids suivants :

1° l'hectogramme,
2° le $\frac{1}{2}$ hectogramme,
3° le double décagramme,
4° le $\frac{1}{2}$ décagramme,
5° 2 poids du double gramme.

Comme il y a encore 0$^{gr}$,65, on pourrait même exiger le demi-gramme, en négligeant les 15 centigrammes qui sont en plus.

On opérerait de la même manière dans tous les autres cas.

---

## DES INSTRUMENTS DE PESAGE.

On nomme en général poids d'un corps la pression que ce corps exerce sur l'obstacle qui s'oppose directement à sa chute; c'est là ce qu'on appelle *poids absolu*, par opposition au *poids relatif* ou *poids spécifique* dont nous avons parlé plus haut. Pour comparer entre elles les diverses pressions, pour savoir, par exemple, si l'une est double, triple ou quadruple d'une autre, on prend pour unité de poids le *gramme,* et l'on exprime le poids des corps avec les multiples ou les subdivisions de cette unité. Ainsi, on énonce le poids d'un corps en disant combien il faut de grammes pour faire équilibre à la pression qu'il exerce sur le plateau d'une balance, ou, en d'autres termes, combien le poids du corps contient celui de l'unité adoptée.

On distingue trois sortes de balances :

1o *La balance à bras égaux,*

2o *La romaine,*

3o *La balance à bascule.*

Nous allons les décrire chacune en particulier.

La balance à bras égaux, celle dont on se sert le plus ordinairement, est composée de trois parties principales, qui sont :

1o La colonne AB; 2o le fléau CD; 3o les plateaux EF.

La colonne supporte le fléau ; elle n'a point une forme déterminée ; seulement il importe qu'elle soit bien perpendiculaire sur sa base, assez forte et un peu plus longue que le fléau ; elle pourrait même être de la même longueur que ce dernier.

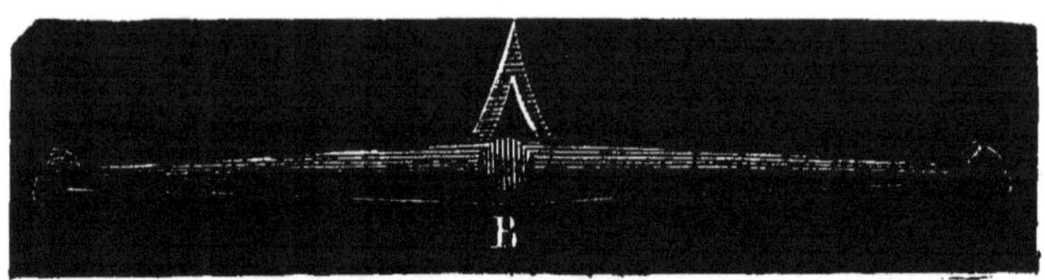


Le fléau est divisé en deux parties égales F et G, appelées les bras de la balance, par un couteau transversal B dont le tranchant doit être formé par deux faces formant à peu près un angle droit.

Pour que le mouvement du fléau soit plus sensible, ce couteau repose à ses deux bouts sur deux surfaces arrondies, de telle sorte qu'il ne puisse dévier ni à droite ni à gauche, et soit toujours maintenu à la partie inférieure. Pour qu'un fléau soit bien fait, il faut que sa largeur, plus grande au centre, se trouve toujours diminuée de la même quantité sur les deux bras, à la même distance du point de suspension, de telle manière que si les deux bras étaient repliés

l'un sur l'autre, on trouvât partout, en un point quelconque, la même épaisseur, la même largeur ainsi que la même longueur, ce qui constitue une symétrie parfaite. Les deux extrémités du fléau sont terminées par deux couteaux MN dont le tranchant est tourné en haut, et destiné à supporter un crochet auquel on suspend le plateau.

Une des principales conditions de précision dans une balance, c'est que le couteau du milieu et ceux des deux extrémités soient bien parallèles, et qu'ensuite la ligne droite MN qui passe par le tranchant inférieur H du milieu et par le tranchant supérieur des deux couteaux placés aux extrémités passe aussi par l'autre.

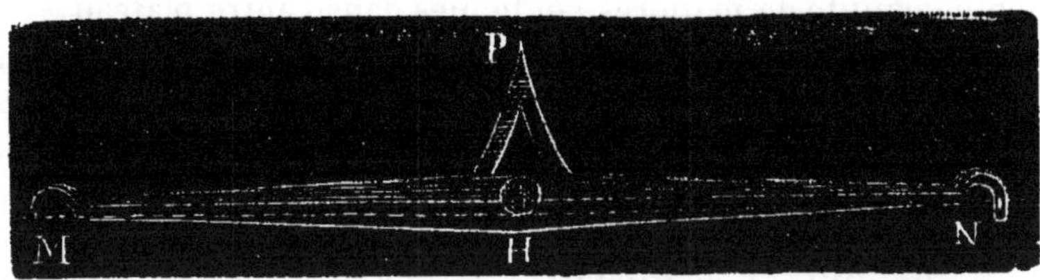


Au milieu du fléau est fixée une aiguille verticale dont la pointe P se meut en regard d'un arc de cercle gradué, et c'est lorsque cette aiguille correspond au zéro de l'arc que le fléau est arrivé à la position horizontale à laquelle, si on l'en écarte, il doit toujours revenir par une suite d'oscillations dont la longue durée annonce la grande sensibilité d'une balance.

Les plateaux sont ordinairement suspendus par trois fils ou chaînes aux deux extrémités du fléau, au moyen de crochets qui reposent sur les couteaux dont nous avons parlé. Il est bien entendu que les plateaux et tout ce qui sert à les suspendre sont exactement du même poids, et que les plateaux étant vides, l'équilibre doit être parfait.

Alors on met dans l'un des plateaux le corps que l'on veut peser, et dans l'autre autant de poids qu'il en faut pour que l'équilibre soit établi ; dans ce cas, on dit que le corps pèse autant que les poids, dont on n'a plus qu'à faire le total.

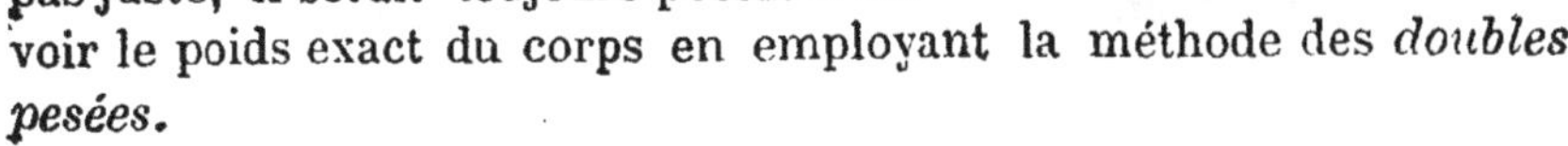

Si la balance dont on se sert n'était pas juste, il serait toujours possible d'avoir le poids exact du corps en employant la méthode des *doubles pesées.*

Voici en quoi elle consiste :

On place le corps que l'on veut peser dans l'un des plateaux, et dans l'autre, une matière quelconque, telle que du plomb, du sable, des cailloux, etc., jusqu'à ce que l'équilibre soit établi. On enlève ensuite le corps que l'on remplace par des poids pour rétablir l'équilibre. On est sûr alors que le total de ces poids pèse exactement comme le corps en question, puisque l'un et l'autre font équilibre à la même quantité de matières contenues dans l'autre plateau.

On appelle en général *tare* le poids du vase dans lequel on veut peser des graines ou un liquide quelconque. Pour connaître ce poids, on place le vase dans l'un des plateaux, et dans l'autre, des poids en quantité suffisante pour établir l'équilibre. On verse ensuite la substance dans le vase, et l'on ajoute autant de poids qu'il en faut pour que l'équilibre soit rétabli ; dans ce cas, les poids ajoutés donnent exactement le poids des matières contenues dans le vase. C'est là ce qu'on appelle le poids *net*, par opposition au poids *brut*, qui comprend le poids des marchandises et celui de l'enveloppe qui les contient.

### De la romaine.

La romaine est une balance à bras inégaux faisant en même temps fonction de balance et de poids, et que son peu de précision rend impropre au commerce en détail.

A l'extrémité du plus petit bras est suspendu un crochet destiné à soulever les ojets que l'on doit peser; dans l'autre bras est engagé

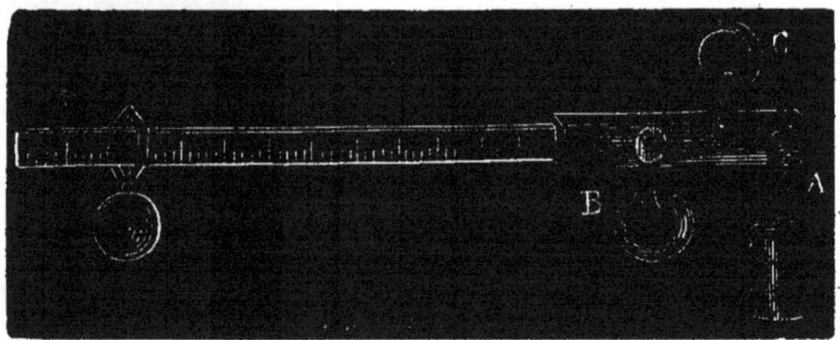


un anneau mobile qui porte un poids invariable, et auquel on peut faire parcourir toute la longueur de ce bras où sont marquées des divisions qui servent à indiquer le poids du corps.

Lorsqu'on veut peser un corps, on le soulève avec le crochet; le fléau perd alors sa position horizontale ; on l'y ramène en éloignant le poids mobile du point de suspension autant que cela est nécessaire. Lorsque l'équilibre est rétabli, on remarque la division à laquelle correspond l'anneau, et l'on a le poids du corps, qui est toujours d'autant plus grand que l'anneau mobile est plus éloigné du point de suspension.

Cet instrument est ordinairement disposé de manière qu'on puisse peser des corps très-lourds et d'autres assez légers. Pour cela, il y a deux anneaux dont l'un, C, est plus près du crochet A, et l'autre, B, un peu plus éloigné. Lorsqu'on se sert de l'anneau C, le corps que l'on pèse agissant sur un bras de levier plus petit, on obtient nécessairement un poids plus considérable qu'en employant le point de suspension B ; pour se servir de ce dernier, on fait tourner le crochet A, qui se trouve alors à la partie inférieure ; dans ce cas, l'anneau mobile correspond à des divisions différentes tracées sur le grand bras, à l'opposé des premières.

### De la balance bascule.

Cette balance, destinée à peser les corps très-lourds, est construite de telle sorte que les poids employés ne sont que le dixième du poids des marchandises que l'on pèse. En effet, elle est formée essentiellement d'un levier dont l'un des bras est dix fois fois plus

long que l'autre ; dans ce cas, si le corps que l'on veut peser est attaché au bras le plus court, il suffit, à l'extrémité du bras le plus long, d'un poids dix fois plus petit pour établir l'équilibre.

Tel est le principe sur lequel repose la balance bascule.

Ce qui lui donne un grand avantage sur les balances ordinaires, c'est qu'on peut faire des pesées considérables sans que l'instrument perde de sa justesse, les couteaux se trouvant beaucoup moins chargés que dans les premières. Cette balance se compose d'une tablette sur laquelle on place les corps que l'on veut peser et d'un plateau qui reçoit les poids. Ces derniers, quels qu'ils soient, étant multipliés par 10, donnent toujours exactement le poids du corps placé sur la tablette.

Ainsi, $7^{kil}$ $3^{hect}$ $8^{décag}$ $5^{gr}$. placés sur le plateau = $7385^{gr}$. ou 73 850, pour le poids du corps, c'est-à-dire $73^{kil}$ $850^{gr}$. On reconnaît que l'équilibre est établi, lorsque la pointe d'une petite tige en fer dont le fléau est muni vient correspondre à celle d'une tige pareille placée sur le montant vertical le long duquel oscille le fléau.

---

# CHAPITRE SEPTIÈME

## DES MONNAIES.

L'unité monétaire est le *franc*, pièce d'argent du poids de 5 grammes; elle se divise en 10 parties égales appelées *décimes*, et le décime en 10 autres parties égales appelées *centimes*. Il y a, en outre, le $\frac{1}{2}$ décime, ou la pièce de 5 centimes, et le double centime. Ces quatre subdivisions du franc sont en cuivre; il n'y que le $\frac{1}{2}$ franc, ou la pièce de 50 centimes, et le double décime, ou pièce de 20 centimes, qui sont en argent. L'argent monnayé n'est pas pur; il contient $\frac{1}{10}$ de cuivre, alliage qui lui donne une plus grande dureté.

Comme la pièce de 1 fr. pèse 5 grammes, si l'on ôte le $\frac{1}{10}$ de ce poids, on a $0^{gr},5$ pour celui du cuivre contenu dans 1 fr., de sorte que l'argent pur ne pèse plus que $4^{gr},5$.

On voit donc que, quelle que soit la somme d'argent dont il sera question, il est toujours facile de calculer le poids du cuivre qu'elle contient, en prenant $\frac{1}{10}$ du poids total.

Ainsi, 25 fr. pèsent 125 grammes, dont le $\frac{1}{10}$ est de $12^{gr},50$, poids du cuivre.

135 fr. pèsent 675 grammes, dont le $\frac{1}{10}$ est de 67gr,5, poids du cuivre; ainsi de suite pour tous les autres cas.

Une chose digne de remarque, c'est que le poids du cuivre contenu dans une somme d'argent quelconque est toujours égal à la moitié de cette somme, comme on le voit par les deux exemples qui précèdent. Ainsi, 12gr,50 est exactement la moitié du nombre de francs 25; il en est de même de 67gr,5 comparés à 135 fr. Par conséquent, au lieu de chercher le poids de la somme donnée pour en prendre le $\frac{1}{10}$, il faudra donc tout simplement prendre la moitié de cette somme pour avoir le poids du cuivre.

Voici la série des différentes pièces d'argent, avec leurs poids et leurs diamètres en regard, exprimés en millimètres :

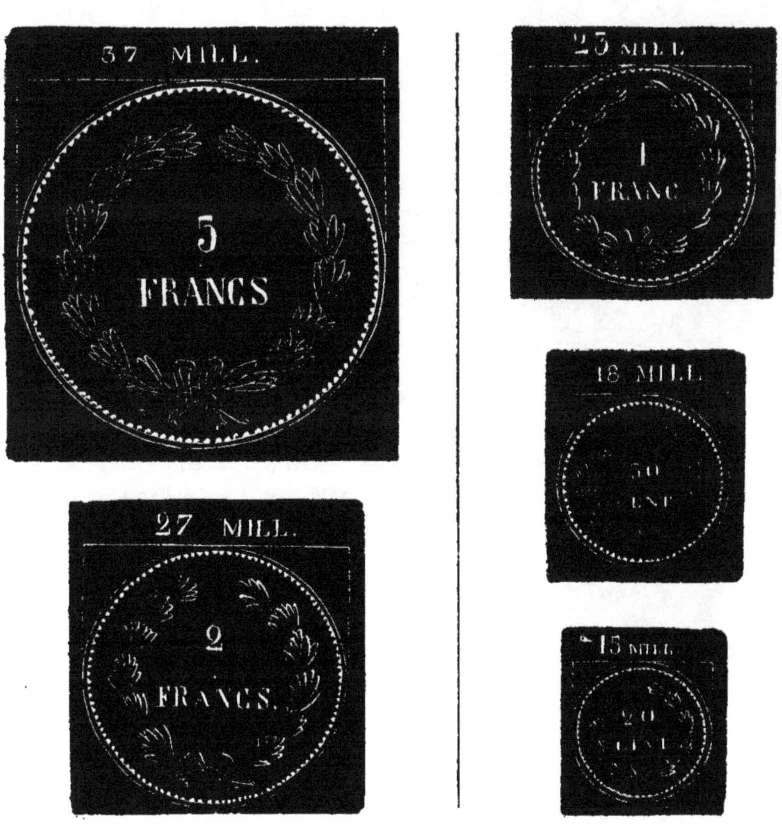

| | VALEUR. | POIDS. | DIAMÈTRE. |
|---|---|---|---|
| 1o La pièce de............ | 5fr »c | 25gr | 37millim |
| 2o Celle de............... | 2 » | 10 | 27 — |
| 3o Celle de............... | 1 » | 5 | 23 — |
| 4o Celle de............... | » 50 | 2 1/2 | 18 — |
| 5o Celle de............... | » 20 | 1 | 15 — |

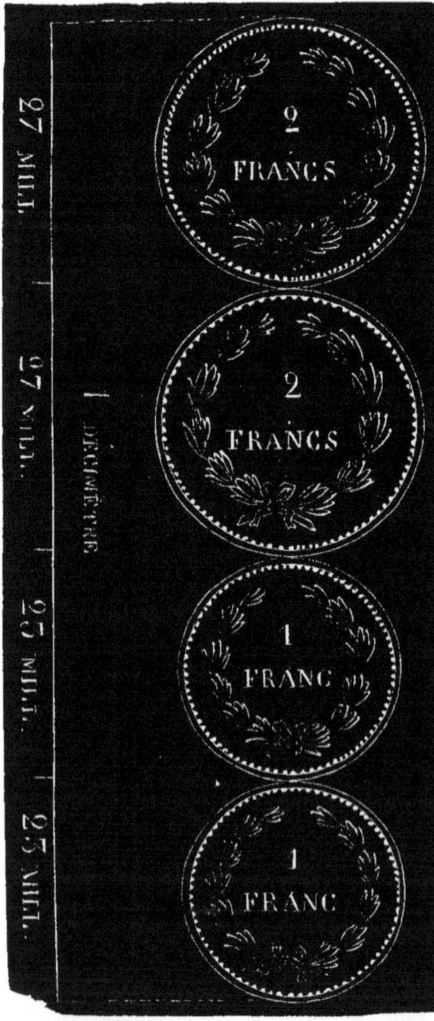


Puisque 1 fr. pèse 5 grammes, on peut toujours trouver le poids d'une somme d'argent quelconque en multipliant par 5 grammes le nombre de francs qu'elle contient. C'est ainsi que l'on trouve pour 725 fr. :

5 gr. × 725 fr. = 3625 gr. ou 3kil,625.

Pour la même cause, il est aussi facile de déterminer la valeur d'une somme dont on connaît le poids, comme dans cet exemple :

*Un sac d'argent pèse 7 kil. 125 gr.: combien contient-il de francs?*

1 fr. pesant 5 grammes, autant de fois 5 sera contenu dans le poids donné 7125 gr., autant on trouvera de francs pour la valeur demandée :

$$\frac{7125}{5} = 1425 \text{ fr.}$$

D'après ce qui vient d'être

dit, on voit que l'argent monnayé pourrait au besoin remplacer les poids du commerce. Ainsi, l'on prendrait 100 fr. pour 500 grammes; 200 fr. pour le kilogramme, et enfin 1000 fr. pour 5 kilogrammes; ainsi de suite.

De même, au lieu de compter la monnaie, on pourrait en avoir la valeur en la pesant avec une balance très-exacte; mais on conçoit que, dans les deux cas, il faut opérer sur une monnaie de fabrication récente, car, dans le cas contraire, l'altération causée par un long usage donnerait une différence assez sensible en moins.

Nous avons vu que la pièce de 5 fr. a 37 millimètres de diamètre; par conséquent, si l'on en place 27 bord à bord, on aura une longueur de 0m,999, c'est-à-dire le mètre moins 1 millimètre. En deuxième lieu, 2 pièces de 2 fr. donnent une longueur de 54 millimètres, et 2 de 1 fr., 46, ce qui fait tout juste 1 décimètre pour le diamètre des 4 pièces. Ces deux exemples indiquent assez clairement comment les monnaies se rattachent au mètre par leurs diamètres. Du reste, toutes les unités du système métrique sont tellement reliées les unes aux autres, qu'avec une pièce de 20 centimes, par exemple, on peut retrouver le kilogramme, et par conséquent le litre, et enfin la longueur du mètre. Nous avons vu par quel moyen on y arrive, en montrant, au sujet du gramme, comment on peut revenir de cette unité de poids au mètre. Il est donc inutile de répéter cette explication.

Il y a cinq sortes de monnaies en or, dont l'alliage est le même que celui des monnaies d'argent; ce sont :

| | VALEUR. | POIDS. | DIAMÈTRE. |
|---|---|---|---|
| 1° La pièce de............ | 100fr | 32gr 25 | 34millim |
| 2° Celle de.............. | 50 | 16 125 | 28 — |
| 3° Celle de.............. | 20 | 6 45 | 21 — |
| 4° Celle de.............. | 10 | 3 225 | 19 — |
| 5° Celle de.............. | 5 | 1 612 | 14 — |

On remarquera que les pièces de 20 et de 10 fr. donnent 4 centimètres, et qu'en prenant 25 fois le diamètre de ces 2 pièces, on aura le mètre.

Nous ne parlons pas de la pièce de 40 fr., qui n'est pas légale, et qui peut, d'un moment à l'autre, être retirée de la circulation.

La monnaie d'or vaut 15 fois $\frac{1}{2}$ plus que celle d'argent à poids égal. Ainsi, 1 hectogramme d'argent valant 20 fr., 1 hectogramme d'or vaudra $15{,}5 \times 20 = 310$ fr. Maintenant, puisque 310 fr. en or pèsent 1 hectogramme, 1 seul franc pèsera 310 fois moins, c'est-à-dire :

$$\frac{100^{gr}}{310} = 0^{gr},3225.$$

D'où l'on tire :

| | | |
|---|---|---|
| $100 \times 0{,}3225 =$ | $32^{gr},25$ | pour la pièce de 100 fr. |
| $50 \times 0{,}3225 =$ | 16 ,125 | pour celle de 50 |
| $40 \times 0{,}3225 =$ | 12 ,90 | pour celle de 40 |
| $20 \times 0{,}3225 =$ | 6 ,55 | pour celle de 20 |
| $10 \times 0{,}3225 =$ | 3 ,225 | pour celle de 10 |
| $5 \times 0{,}3225 =$ | 1 ,6125 | pour celle de 5 |

Réciproquement, si l'on a 2 valeurs égales en or et en argent, la valeur en or pèsera 15 fois $\frac{1}{2}$ moins que celle en argent. Ainsi, 100 fr. d'argent pesant 500 grammes, 100 fr. en or pèseront :

$$\frac{500}{15,5} = 32^{gr},25,$$

résultat que nous venons de trouver plus haut.

De ce que nous venons de voir, il résulte qu'on peut toujours connaître le poids de n'importe quelle somme en or.

Supposons, par exemple, qu'on veuille trouver le poids de 2800 fr. en monnaie d'or ; voici comment on raisonnera :

Si c'était de l'argent, le poids serait égal à 5 gr. $\times$ 2800 = $14^{kil},000$ ; mais comme la même valeur en or pèse 15 fois $\frac{1}{2}$ moins, divisant 14 000 par 15,5, on a :

$$\frac{14\,000}{15,5} = 0^{kil},903, \text{ poids des 2800 fr. en or.}$$

On peut encore multiplier directement 0,3225, poids d'un franc en or, par le nombre de francs donné.

Si l'on donnait, au contraire, un poids en monnaie d'or, et qu'il fallût en trouver la valeur, comme dans cet exemple :

*Un sac plein d'or pèse 225 gr.; combien contient-il?*

Voici comment on raisonnerait :

Si c'était de l'argent, on aurait : $\frac{2725^{gr}}{5} = 545$ fr.

Mais à poids égal, l'or vaut 15 fois $\frac{1}{2}$ plus que l'argent ; il faut donc multiplier 545 fr. par 15,5, ce qui donne :

545 × 15,5 = 8447 fr., valeur de l'or contenu dans le sac, dont il faut, bien entendu, déduire le poids approximatif du sac avant de faire le calcul.

LES MONNAIES DE CUIVRE frappées depuis 1853 sont composées de 0,95 de cuivre, 0,04 d'étain et 0,01 de zinc. En voici la série :

| | VALEUR. | POIDS. | DIAMÈTRE. |
|---|---|---|---|
| 1° La pièce de............ | 10cent | 10gr | 30millim |
| 2° Celle de............... | 5 | 5 | 25 — |
| 3° Celle de............... | 2 | 2 | 20 — |
| 4° Celle de............... | 1 | 1 | 15 — |

La connaissance des diamètres de ces nouvelles pièces fournit un moyen très-simple de retrouver le décimètre, et par conséquent le mètre. Ainsi l'on voit dans la figure suivante :

1° 2 pièces de 10 centimes + 2 de 2 centimes = le décimètre.

2° 4 centimes + 2 doubles centimes = le décimètre.

3° 4 pièces de 5 centimes donnent exactement le décimètre.

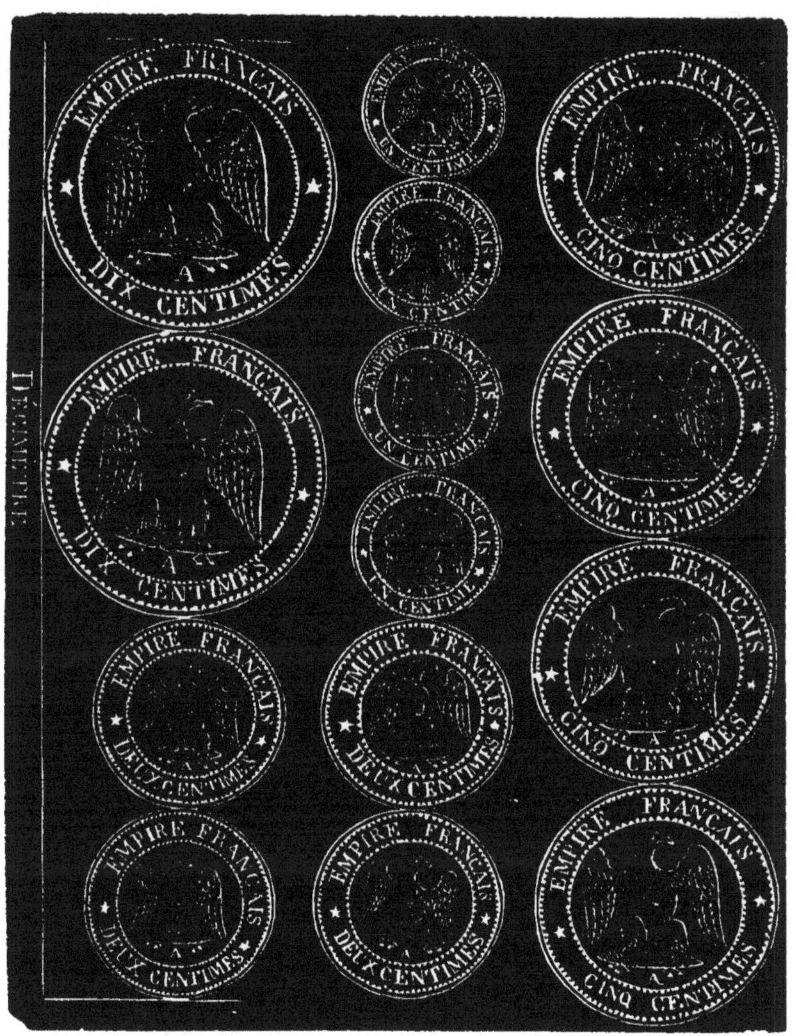


On voit, d'après le tableau qui précède, que 10 décimes en monnaie de cuivre pèsent 100 grammes, puisque le décime pèse 10 grammes; rien de plus facile alors que de résoudre les questions suivantes :

1° *Quel est le poids d'un sac de sous contenant* 85 *fr.?*
2° *Un sac de sous pèse* 11 *kil.* 225; *combien contient-il?*

Dans le premier cas, puisque 1 fr. en cuivre pèse 100 grammes, 85 fr. pèseront $85 \times 100 = 8500$ grammes, ou $8^{kil},500$.

Dans le deuxième cas, puisque 100 grammes sont le poids de 1 fr., autant de fois 100 grammes seront contenus dans le poids donné, autant de francs on aura, d'où :

$$\frac{11\,225^{gr}}{100} = 112^{f},25.$$

QUESTIONNAIRE.

1. Qu'est-ce que le franc ? Quelles en sont les subdivisions en argent et en cuivre ?

2. Quelle quantité d'argent pur et de cuivre contient la monnaie d'argent ?

3. Quels sont les deux moyens de trouver la quantité de cuivre contenue dans une somme d'argent déterminée ?

4. Nommez les diverses pièces d'argent avec leurs poids et leurs diamètres ?

5. Comment trouve-t-on le poids d'une somme d'argent quelconque ?

6. Connaissant le poids d'une somme d'argent, comment en détermine-t-on la valeur ?

7. Par quoi les poids pourraient-ils être remplacés ?

8. Que pourrait-on faire au lieu de compter la monnaie d'argent ?

9. Quels sont les deux rapports qui rattachent les monnaies d'argent au mètre ?

10. Quelles sont les différentes manières de retrouver le mètre au moyen des diamètres ?

11. Comment pourrait-on revenir au mètre avec une seule pièce de 20 centimes ?

12. Quelles sont les diverses monnaies d'or avec leurs poids et leurs diamètres ?

13. Avec quelles pièces d'or peut-on retrouver le mètre ?

14. Que vaut la monnaie d'or comparée à celle d'argent à poids égal ?

15. Deux valeurs égales étant données en or et en argent, quel sera le poids de la valeur en or, comparée à celle de l'argent ?

16. Comment calcule-t-on le poids d'une somme quelconque en or ?

17. Comment détermine-t-on la valeur d'une somme en or dont on connaît le poids ?

18. Quelles sont les diverses monnaies de cuivre avec leurs poids et leurs diamètres ?

19. Quelles sont les diverses combinaisons de pièces au moyen desquelles on retrouve le décimètre ?

20. Comment trouve-t-on le poids d'une somme quelconque en monnaie de cuivre ?

21. Que fait-on ordinairement au lieu de compter les sous ? Le poids étant déterminé, comment en trouve-t-on la valeur ?

22. Peut-on peser avec la monnaie de cuivre ?

---

**Monnaie de cuivre comparée à la monnaie d'argent.**

Nous venons de voir qu'un franc en cuivre pèse 100 *grammes ;* nous savons qu'un franc en argent n'en pèse que 5, c'est-à-dire 20 fois moins. On conclut de là facilement que, si l'on a deux valeurs égales, l'une en argent, l'autre en cuivre, cette dernière pèsera 20 fois plus.

D'un autre côté, si l'on a deux poids égaux, l'un en monnaie de cuivre, l'autre en monnaie d'argent, le premier vaudra 20 fois moins : ainsi, 100 grammes d'argent valent 20 fr., tandis que 100 grammes de cuivre ne valent que 1 fr.

Cela posé, comment résoudre les questions suivantes :

1° 285 *fr. en argent sont placés dans le plateau d'une balance ; combien faut-il en monnaie de cuivre dans l'autre plateau, pour faire équilibre ?*

2° *Quelle somme d'argent faut-il pour faire équilibre à* 95 *fr. de sous ?*

Dans le premier cas, on a :

$$285^{f} \times 5^{gr} = 1425 \text{ gr.}$$

Il faut donc 1425 grammes de monnaie de cuivre ; mais puisque 1 fr. de cuivre pèse 100 grammes, il ne s'agit que de diviser par 100 le poids de l'argent, ce qui donne :

$$\frac{1425}{100} = 14^{f},25 \text{ en cuivre.}$$

Dans le deuxième cas, on a :

$$95^{f} \times 100^{gr} = 9500^{gr}.$$

Il faut donc 9500 grammes d'argent ; mais puisque 1 fr. d'argent pèse 5 grammes, il ne s'agit que de diviser par 5 le poids du cuivre, ce qui donne :

$$\frac{9500}{5} = 1900^{f} \text{ en argent.}$$

**Monnaie de cuivre comparée à la monnaie d'or.**

Nous avons vu que l'or vaut 15 fois $\frac{1}{2}$ plus que l'argent, et ce dernier 20 fois plus que la monnaie de cuivre à poids égal : il en résulte que l'or vaut 15 fois $\frac{1}{2}$ 20 fois plus, c'est-à-dire 310 fois plus que le cuivre à poids égal.

Ainsi, 322gr,5 d'or valent 1000 fr., tandis que 322gr,5 de cuivre ne valent que 3f,225, juste 310 fois moins que 1000 fr.

$$\frac{1000}{310} = 3^{f},225.$$

Réciproquement, si l'on a deux valeurs égales, l'une en or et l'autre en cuivre, cette dernière pèsera 310 fois plus : ainsi, 20 fr. en or ne pèsent que 6gr,452, tandis que 20 fr. en sous pèseront 20 fois 100 grammes ou 2000 grammes, produit que l'on trouve en multipliant 6gr,452 par 310.

D'après ces principes, on voit combien il est facile de résoudre les questions suivantes :

1° *Quelle est la valeur en or qui pèse autant que 40 fr. de sous?*

2° *Combien faut-il en monnaie de cuivre pour faire équilibre à 250 fr. en or?*

Dans le premier cas, on a :

40 fr. en sous pèsent 4000 grammes.

Il faut donc 4000 grammes d'or pour faire équilibre ; mais le poids d'une valeur d'or égale à 1 fr. vaut 0gr,3225 ; il ne s'agit donc plus que de diviser 4000 par 0gr,3225, ce qui donne :

$\frac{4000}{0,3225} = 12\,403$ fr., valeur en or faisant équilibre à 40 fr. de sous.

Dans le deuxième cas, on a :

250 fr. en or pèsent $250 \times 0^{gr},3225 = 80^{gr},62$.

Il faut donc 80 grammes de cuivre pour faire équilibre ; mais comme 1 centimè en cuivre pèse 1 gramme, c'est tout simplement 80 centimes qu'il faut pour faire équilibre à 250 fr. en or.

**Volume d'une quantité quelconque de pièces de monnaies en or, en argent ou en cuivre.**

Nous avons dit plus haut, en parlant des pesanteurs spécifiques, qu'il est facile de trouver le volume d'une somme déterminée, en or, en argent ou en cuivre. Voyons comment il faut opérer pour cela, en prenant pour exemple les questions suivantes :

1° *Quel est le volume d'une pièce de* 5 *fr.?*

2° *Quel est le volume de* 2750 *fr.?*

Puisque le décimètre cube d'argent pèse 10 475 grammes, le centimètre cube pèse 1000 fois moins ou 10gr,475.

Maintenant, la pièce de 5 fr. pèse 25 grammes.

ou 22gr,50 d'argent,
et 2 ,50 de cuivre.

Divisant donc le poids de chacune de ces substances par sa pesanteur spécifique, on a :

$$\left.\begin{aligned} \frac{22^{gr},50}{10^{gr},475} &= 2^{\text{centi. cubes}},147 \\ \frac{2^{gr},5}{9} &= 0 \qquad ,277 \end{aligned}\right\} 2^{\text{centi. cubes}},424, \text{ total des 2 volumes formant le cube de la pièce de 5 fr.}$$

Or, puisque le volume de la pièce de 5 fr. est 2centi cubes,424, celui de la pièce de 1 fr. sera 5 fois plus petit, ou

$$\frac{2,424}{5} = 0^{\text{centi. cube}},484.$$

Le volume de 2750 fr. sera donc :

$$2750 \times 0,484^{\text{milli. cubes}} = 1,331,$$

ou 1 décimètre cube 331 centimètres cubes.

Si l'on avait un nombre exact de pièces de 5 fr., on pourrait le multiplier par le volume de cette dernière, et l'on trouverait le même résultat.

Pour trouver le volume d'une monnaie quelconque en or, nous répéterons les mêmes opérations : ainsi une pièce d'or de 100 fr. pèse 32gr,25,

ou 29gr,025 d'or pur,
et 3gr,225 pour le $\frac{1}{10}$ de cuivre.

$\frac{29^{gr},025}{19^{gr},258}$ = 1centi. cube,507, cube de l'or pur,

$\frac{3^{gr},225}{9}$ = 0centi. cube,358, cube du $\frac{1}{10}$ de cuivre.

1centi. cube,865, total des deux volumes formant le cube la pièce de 100 fr.

Maintenant, 1 fr. en or aura un cube 100 fois plus petit, ou 0centi. cube,018.65, d'où l'on tire :

| | | | |
|---|---|---|---|
| 1° pour | 5 francs. | 0centi. cube | ,093,25 |
| 2° pour | 10 — | 0 | ,186,50 |
| 3° pour | 20 — | 0 | ,373,00 |
| 4° pour | 40 — | 0 | ,746,00 |
| 5° pour | 100 — | 1 | ,865,00 |

Quant à la monnaie de cuivre, on arrive plus vite au résultat, parce qu'on ne tient aucun compte du peu d'alliage qu'elle renferme. Ainsi :

1 fr. pèse 100 grammes, ce qui donne :

$\frac{100^{gr}}{9}$ = 11centi. cubes,111, cube d'un franc.

Poids spécifique du cuivre 9

(A peu près 1 centimètre cube par décime.)

On peut trouver maintenant le cube de n'importe quelle somme donnée, en monnaie de cuivre.

---

LA FABRICATION DES MONNAIES est une entreprise pour laquelle le gouvernement accorde 2 fr. par chaque kilogramme d'argent monnayé, et 6 fr. par chaque kilogramme d'or.

Il résulte de là qu'un kilogramme d'argent, qui vaut 200 fr. en monnaie, n'en vaut plus que 198 en lingot, et que le kilogramme d'or, qui vaut 3100 fr. en monnaie, n'en vaut que 3094 en lingot.

D'après cela, il est facile de connaître ce que vaudra, quand il sera monnayé, un lingot d'or ou d'argent dont on connaît le poids, en supposant dans les deux cas $\frac{1}{10}$ d'alliage.

*Quelle sera, par exemple, la valeur en monnaie d'un lingot d'or pesant 4500 grammes avec son $\frac{1}{10}$ d'alliage ?*

Puisqu'un kilogramme d'or non monnayé vaut 3,094 fr., 4 kil,5 vaudront $4^{kil},5 \times 3094 = 13\,923$ fr., auquel produit il faut ajouter le prix de la fabrication : $6 \times 4,5 = 27$ fr., ce qui donne :

$$13\,923 + 27 = 13\,950 \text{ fr., valeur du lingot en monnaie.}$$

Si l'on voulait savoir la valeur d'un lingot d'or pur dont le poids est de 4500 grammes, par exemple, voici le raisonnement que l'on ferait :

En faisant fondre 1 kilogramme de pièces d'or, on n'aurait plus qu'une valeur de 3094 fr., contenant 100 grammes de cuivre et 900 grammes d'or pur.

Maintenant, si nous laissons de côté la valeur des 100 grammes de cuivre, il est évident que les 900 grammes d'or pur valent 3094 fr., ce qui donne, pour la valeur d'un gramme d'or pur, $3^{f},43777$, et pour un kilogramme mille fois plus, ou $3437^{f},77$.

Le lingot en question, du poids de $4^{kil},5$, vaudrait donc :

$$3437,77 \times 4^{kil},5 = 15\,469^{f}.96$$

---

**Des moyens de reconnaître les fausses monnaies.**

Le caractère physique des monnaies est celui qui permet de reconnaître le plus facilement si elles sont fausses ; c'est donc sur ce point que nous insisterons particulièrement, en appelant l'attention :

1° sur le diamètre,
2° sur la couleur,
3° sur l'odeur,
4° sur le son,
5° sur le toucher
6° sur la dureté,
7° sur le poids.

1° Le diamètre des fausses monnaies est ordinairement le même que celui des bonnes, parce qu'il est facile de leur conserver ce caractère en les moulant sur de bonnes pièces.

2° Les pièces fausses par altération du titre peuvent avoir la même couleur que les bonnes. Le crime, en effet, a su trouver le moyen de donner à l'extérieur la même couleur que celle des pièces fabriquées par l'État, en enlevant l'excès d'alliage seulement à la surface. En grattant l'une des faces, on trouvera l'intérieur plus terne dans ces sortes de pièces.

3° Les pièces dans la composition desquelles il entre de l'étain, du plomb, de l'antimoine et du zinc sont fortement odorantes, surtout si on les échauffe un peu par le frottement.

4° Le son est le caractère auquel on fait le plus attention; il ne peut tromper si les pièces sont composées de plomb ou d'étain, car elles rendent alors un son complètement sourd; mais si l'antimoine et le zinc entrent dans leur composition, elles rendent alors un son assez sensible qui peut tromper; mieux vaut alors recourir à l'odorat.

5° Les pièces désignées comme sourdes, ou qui développent par le frottement une odeur plus ou moins forte, peuvent encore être reconnues au simple toucher, parce qu'elles y sont grasses et qu'elles noircissent les doigts, surtout lorsque le plomb y domine.

6° Toutes ces pièces ont en général peu de dureté, comme on peut le vérifier facilement. Cependant, lorsqu'au plomb ou à l'étain on a allié du cuivre ou du zinc, elles acquièrent alors une certaine dureté et par suite un peu plus de son. Il y a donc certains cas où l'on pourrait être induit en erreur.

7° Il y a, comme on le voit, deux sortes de pièces fausses, celles que l'on peut reconnaître immédiatement parce qu'elles sont odorantes, grasses au toucher, privées de son et peu dures, et d'autres qui ont tous les caractères des bonnes pièces. La meilleure manière de vérifier ces dernières, c'est de les peser, et l'on peut être assuré que le manque du poids légal est une preuve évidente de la fausseté, lorsqu'aucun caractère extérieur n'indique l'altération.

La criminelle industrie du faux monnayeur, que n'arrête point la menace des peines les plus terribles, peut encore s'exercer à la fabrication des fausses pièces d'or. On conçoit quel intérêt il y y trouve, le prix du gramme d'or fin étant de 3 fr. 44, tandis que le gramme de platine pur ne vaut que 1 fr. Dans ce cas, les pièces sont recouvertes d'une forte feuille d'or à laquelle on ajuste le cordon d'une bonne pièce. Mais un examen minutieux permet toujours d'apercevoir sur les arêtes des jonctions difficiles à opérer parfaitement au moyen de la soudure. D'ailleurs, le platine étant plus lourd que l'or, la pièce suspecte devra peser plus que la bonne.

La tête qui est sur les monnaies d'or est toujours opposée à celle des monnaies d'argent, pour ôter l'idée de dorer les pièces d'argent, qui ont à peu près le même diamètre que les pièces d'or, afin de les faire passer pour ces dernières.

---

### Titres des monnaies et des ouvrages en or ou en argent.

On appelle *titre* des monnaies la proportion dans laquelle le cuivre est allié à l'argent ou à l'or. Cette proportion est invariablement de $\frac{1}{10}$ de cuivre et de $\frac{9}{10}$ d'or ou d'argent. La tolérance en plus ou en moins est de :

| | | | | |
|---|---|---|---|---|
| 1° | 2 | millièmes | du poids légal | pour les monnaies d'or, |
| 2° | 3 | — | — | pour celles de 5 francs, |
| 3° | 5 | — | — | pour celles de 1 et 2 francs, |
| 4° | 7 | — | — | pour celles de 50 centimes, |
| 5° | 10 | — | — | pour celles de 20 centimes. |

L'alliage de la monnaie d'or a varié jusqu'ici. Ainsi, les pièces vertes doivent cette couleur à ce que l'alliage est formé entièrement d'argent. Celles d'une couleur mixte renferment 70 parties de cuivre et 30 d'argent. Enfin, les pièces d'or qui sont composées uniquement d'or et de cuivre sont rouges ; telles sont celles que l'on fait aujourd'hui, et toutes celles qui seront fabriquées à l'avenir.

Lorsque l'essayeur doit vérifier une certaine quantité de pièces de monnaie, il en prend une au hasard sur le tas ; s'il se trouve que l'alliage est dans les conditions déterminées par les réglements, la monnaie est reçue ; dans le cas contraire, elle est refusée et doit être refondue.

La vaisselle d'or et d'argent, et généralement tous les ouvrages fabriqués avec ces deux métaux, ont plusieurs titres déterminés par la loi.

Ces titres sont ;

1° *Pour les objets en or :*

| | Or pur. | | Cuivre. |
|---|---|---|---|
| 1er titre..... | 0kil,920 | de l'objet | 0kil,080 |
| 2e titre..... | 0 ,840 | — | 0 ,160 |
| 3e titre..... | 0 ,750 | — | 0 ,250 |

2° *Pour les objets en argent :*

| | Argent pur. | | Cuivre. | |
|---|---|---|---|---|
| 1er titre.. | 0kil,950 | de l'objet | 0kil,050 | Moitié moins de cuivre que dans les monnaies. |
| 2e titre.. | 0 ,800 | — | 0 ,200 | Deux fois plus de cuivre que dans les monnaies. |

Afin d'empêcher la fraude, il y a dans chaque département un bureau de garantie où un essayeur détermine le titre des divers ouvrages d'or et d'argent, et y applique le poinçon de l'État, qu'on nomme aussi *contrôle.*

On voit, d'après le tableau qui précède, qu'il est très-important, lorsqu'on achète des objets d'or ou d'argent, de bien déterminer le titre, qui en augmente ou en diminue la valeur, selon qu'il est plus ou moins élevé, les frais de fabrication étant toujours les mêmes.

Il arrive souvent que l'on échange de vieille argenterie poids pour poids avec de l'argent monnayé. Il est facile de comprendre à quelle perte on s'expose alors, si les objets que l'on vend sont au 1er titre, c'est-à-dire contenant 950 grammes d'argent pur et 50 grammes de cuivre.

Supposons, par exemple, 1 kilogramme de vieille argenterie faisant équilibre à 200 fr. d'argent monnayé. Il y a dans le premier cas 950 grammes d'argent pur et 900 grammes seulement dans la monnaie d'argent. Or, 50 grammes d'argent pur représentent 11 fr. 10 ; il est donc de toute justice que le kilogramme de vieil argent soit au moins payé 210 fr., à moins qu'il y ait un cours établi qui en règle la valeur.

On comprendra aussi facilement que l'on ne peut pas payer un objet en or au titre de 0,750 le même prix que s'il était au titre de 0,920, puisque, dans ce dernier cas, la façon étant la même, on a 170 millièmes d'or de plus que dans le premier cas. Si l'on a quelques doutes, il faut donc recourir au bureau de garantie, qui peut seul les éclaircir.

# TABLE DES MATIÈRES.

## CHAPITRE QUATRIÈME.



## CHAPITRE CINQUIÈME.



## CHAPITRE SIXIÈME.



## CHAPITRE SEPTIÈME.

Orléans, imp. G. Jacob, cloître Saint-Etienne, 4.

BIBLIOTHEQUE NATIONALE DE FRANCE
3 7531 03249881 9

www.ingramcontent.com/pod-product-compliance
Ingram Content Group UK Ltd.
Pitfield, Milton Keynes, MK11 3LW, UK
UKHW021543260726
13993UKWH00002B/593

9 782329 426983